U0378729

本书获国家自然科学基金(编号:51174257)、
安徽理工大学中青年骨干教师资助、
安徽省高校优秀青年人才资助(ZY289)

国家自然科学基金资助项目
安徽理工大学中青年骨干教师资助项目

基于支持向量机的煤矿安全建模研究及应用

周华平　著

西安电子科技大学出版社

内容简介

本书利用灰色关联分析方法、基于Vague思想的[−1，1]线性生成算子的数据无量纲化处理方法和基于煤炭产量的关联度加权的两种改进灰色关联分析方法，建立了煤矿百万吨死亡率预测指标体系；引入了基于缓冲算子的灰色预测模型，对煤矿百万吨死亡率预测的指标进行了测算；提出了基于一种多阶灰色、最小二乘支持向量机的煤矿百万吨死亡率组合预测新模型D_m-GM(1，1)-LSSVM。

本书适合高等院校高年级本科生、研究生、教师以及相关领域的科技工作者使用。

图书在版编目(CIP)数据

基于支持向量机的煤矿安全建模研究及应用/周华平著.
—西安：西安电子科技大学出版社，2015.1
ISBN 978-7-5606-3541-5

Ⅰ.①基… Ⅱ.①周… Ⅲ.①煤矿—矿山安全—研究 Ⅳ.①TD7

中国版本图书馆CIP数据核字(2014)第286763号

策划编辑 邵汉平
责任编辑 邵汉平 王晓燕
出版发行 西安电子科技大学出版社(西安市太白南路2号)
电　　话 (029)88242885 88201467　　邮　　编 710071
网　　址 www.xduph.com　　电子邮箱 xdupfxb001@163.com
经　　销 新华书店
印刷单位 北京京华虎彩印刷有限公司
版　　次 2015年1月第1版 2015年1月第1次印刷
开　　本 787毫米×960毫米 1/16 印张 8.25
字　　数 136千字
定　　价 25.00元
ISBN 978-7-5606-3541-5/TD

XDUP 3833001-1

前　言

支持向量机是在20世纪末由Vapnik等人研究并迅速发展起来的，该方法基于统计学习理论，具有完备的理论基础，很多方面都有其应用。支持向量机可以很好地解决非线性问题。支持向量机模型可以用二次优化来求解，所求的解是全局最优解，避免了局部极小值。另外，支持向量机对于小样本数据的求解也很理想，它能在算法的复杂性和机器学习能力间进行权衡，从而实现较高精度的预测；而传统的机器学习算法是基于经验风险最小化的，虽然训练样本已经有很低的误差，但测试样本的误差却比较大，因而预测的精度也得不到保障。支持向量机同时考虑了经验风险和置信范围，能在训练样本误差小的前提下，使得测试样本误差也较小，推广性能较好。

近年来，煤炭产量增长速度较快，年产量从2000年的9.9亿吨增加到2011年的35.2亿吨，年平均增长12.2%。与此同时，全国煤矿事故数量从2000年的2722起下降到2011年的1201起，死亡人数从2000年的5798人下降到2011年的1973人，年平均分别下降7.2%和9.2%。作为反映煤矿安全生产状况综合性指标的煤矿百万吨死亡率也从2000年的5.8下降到2011年的0.749，年平均降低17%，煤矿安全状况得到了较大的改善。尽管如此，煤炭行业仍然是安全生产事故多发、尤其是重特大事故最严重的行业，煤矿百万吨死亡率仍然高于工业发达的其他采煤大国。为了进一步降低煤矿事故，从2004年起，国家安全生产监督管理总局向各产煤省区下达煤矿安全控制指标。但是，目前控制指标的计算方法是简单地依据各地近3～5年相应指标的加权平均。由于计算方法未能考虑各地社会经济环境等因素对煤矿安全工作的影响，因此计算方法存在不尽完善之处，如何更加科学、准确地计算煤矿安全控制指标，对落实安全发展战略和促进社会管理创新具有一定的意义，也由此成为学术界的研究热点问题。

本书第1～2章中系统地介绍了最优化理论、机器学习问题、经验风险最小化原则和结构风险最小化原则的原理以及它们之间的区别，以及VC维的概念、灰色关联分析和常用的预测模型，并重点对支持向量机的概念、发展、模型进行了研究。在此理论基础之上，第3章中提出开展煤矿安全建模研究的背景、意义。进而在分析总结了当前国内外煤矿事故预测和支持向量机的研究现状的基础上，提出了本书的研究方向、研究内容、技术路线和组织结构。与煤矿百万吨死亡率相关的因素很多。第 4 章中利用灰色关联分析和两种改进的灰色关联分析方法，通过不同年份煤矿百万吨死亡率数据样本、不同分析方法的综合对比，找出煤矿百万吨死亡率的关键影响因素，建立了精简而又合理的煤矿百万吨死亡率预测指标体系。对煤矿百万吨死亡率的各指标进行了测算。结合实例数据，通过灰色模型、多阶灰色模型预测结果的比较，提出了基于多阶缓冲算子的灰色预测模型。通过这一模型，可利用缓冲序列算子对初始数据进行修正，有效地控制发展系数，提高离散数据的光滑度，从而可以进行更准确的预测(第 5 章)。第 6 章中首先介绍最小二乘支持向量机(Least Squares Support Vector Machine，LSSVM)的概念，分析研究 LSSVM 模型的适应性和基于不同数据建立的 LSSVM 模型参数的变化情况，提出一种以 LSSVM 作为组合器的灰色 LSSVM 组合预测新模型 Dm－GM(1，1)－LSSVM。接下来对 LSSVM 的参数优化进行研究，利用遗传算法(GA)、粒子群算法(PSO)和网格搜索算法三种算法分别对模型进行参数寻优，最终选出预测精度较高的参数寻优算法。最后，结合实例对煤矿百万吨死亡率进行预测，预测结果和利用灰色预测模型、BP 神经网络预测模型的预测结果进行对比、分析，表明了组合预测模型的有效性。结束语部分对本书进行了总结，并提出了进一步的研究方向。

本书由周华平撰稿完成，其内容是作者在支持向量机研究领域的研究成果，研究期间得到了许多专家学者的帮助。首先感谢中国矿业大学(北京)张瑞新教授的指导；其次要感谢安徽理工大学李敬兆教授、孙克雷副教授、吴观茂副教授、阜阳师范学院孙刚老师的帮助。

由于作者水平有限，书中难免有不当之处，敬请读者批评指正。

作　者

2014 年 10 月 8 日

目　　录

第1章 基础理论

1.1 最优化理论

1.1.1 最优化问题的表示

通俗地说，所谓最优化问题，就是求一个多元函数在某个给定几何意义上的极值。几乎所有类型的最优化问题都可以用下面的数学模型来描述：

$$\begin{cases} \min & f(\boldsymbol{x}) \\ \text{s. t.} & \boldsymbol{x} \in S \end{cases} \tag{1.1}$$

其中，$\boldsymbol{x}=(x_1, x_2, \cdots, x_n)^{\mathrm{T}} \in \mathbf{R}$ 称为决策变量；$f(\boldsymbol{x})$是 $\boldsymbol{x}$ 的函数，称为目标函数；s. t. 是“subject to(受限于)”的缩写，S 是 $\mathbf{R}^n$ 的子集(称为可行集或可行域)。

当 $S \subset \mathbf{R}^n$ 时，$\boldsymbol{x}$ 的取值受限制，$\boldsymbol{x}$ 必须属于 S，S 便称为约束条件。公式(1.1)就是在集合 S 中求使 $f(\boldsymbol{x})$取极小值的 $\boldsymbol{x}$，称为约束最优化问题；当 $S=\mathbf{R}^n$ 时，问题就转化为在 $\mathbf{R}^n$ 内求 $f(\boldsymbol{x})$的极小值，称为无约束最优化问题。

当约束条件是线性的等式或不等式方程，而目标函数是 $\boldsymbol{x}$ 的线性函数时，称为线性规划。当约束条件或目标函数中出现非线性时，称为非线性规划。非线性规划问题中最简单的一种是二次规划问题，它的目标函数是 $\boldsymbol{x}$ 的二次函数，而约束条件是 $\boldsymbol{x}$ 的线性等式或不等式方程，这是非线性规划问题中重要的一种类型。当规划问题与时间相关，即前一时刻的行为将影响下一时刻的行为时，称为动态规划，又称为多级决策理论。此外，最优化问题还包括运输问题、最小二乘问题、最大最小问题等。

1.1.2 线性规划和非线性规划

线性规划(Linear Programming，LP)是运筹学中研究较早、发展较快、应用广泛、方法较成熟的一个重要分支，它是研究线性约束条件下线性目标函数的极值问题的数学理论和方法，广泛应用于军事、经济分析、经营管理和工程技术等方面，它能合理地利用有限的人力、物力、财力等资源，为最优决策提供科学的依据。

线性规划具备线性函数约束、符号约束、线性目标函数三个特征。线性规划中的所有常数和决策变量都是在实数范围中考虑的，决策变量的个数和线性函数约束的数目都是有限的。当决策变量取整数时，这种线性规划称为整数规划。满足线性规划的函数约束和符号约束的解称为可行解，在一般情况下，线性规划的可行解有无限多个。

标准的线性规划问题可表示为

$$\begin{cases} \min & z=\boldsymbol{c}^{\mathrm{T}}\boldsymbol{x} \\ \text{s. t.} & \boldsymbol{A}\boldsymbol{x}\geqslant\boldsymbol{b}, \\ & \boldsymbol{x}\geqslant 0 \end{cases} \tag{1.2}$$

其中，$\boldsymbol{A}$ 是 $m\times n$ 维的结构矩阵；$\boldsymbol{b}$ 是 $m\times 1$ 维的条件向量；$\boldsymbol{c}$ 是 $n\times 1$ 维的费用向量；$\boldsymbol{x}$ 是$n\times 1$维的决策向量。

如果向量 $\boldsymbol{x}$ 满足式(1.2)的目标函数，则称 $\boldsymbol{x}$ 为最优解。并不是所有线性规划问题都有可行解和最优解；即使线性规划最优解存在，也不一定唯一。

每个线性规划问题都存在另一个与它密切关联的线性规划问题，将其中一个称为原问题，简记为 P，另一个称为它的对偶问题，简记为 D。

定义 1.1 将线性规划问题

$$\begin{cases} \max & w=\boldsymbol{y}^{\mathrm{T}}\boldsymbol{b} \\ \text{s. t.} & \boldsymbol{y}^{\mathrm{T}}\boldsymbol{A}\leqslant\boldsymbol{c}^{\mathrm{T}}, \\ & \boldsymbol{y}\geqslant 0 \end{cases} \tag{1.3}$$

称为线性规划问题(1.2)的对偶问题。

问题(1.3)和问题(1.2)互为对偶问题。可以证明，如果 $\boldsymbol{x}^*$ 是(1.2)的可行解，$\boldsymbol{y}^*$ 是对偶问题(1.3)的可行解，而且 $\boldsymbol{c}^{\mathrm{T}}\boldsymbol{x}=\boldsymbol{y}^{*\mathrm{T}}\boldsymbol{b}$，则 $\boldsymbol{x}^*$ 和 $\boldsymbol{y}^*$ 分别是问题(1.2)和问题(1.3)的最优解。

非线性规划是 20 世纪 50 年代才开始形成的一门新兴学科。非线性规划在工程、管理、经济、科研、军事等方面都有广泛的应用，为最优设计提供了有力的工具。20 世纪 80 年代以来，随着计算机技术的快速发展，非线性规划方法取得了长足进步，在信赖域法、稀疏拟牛顿法、并行计算、内点法和有限存储法等领域取得了丰硕的成果。

定义 1.2 若目标函数及约束条件中至少存在一个非线性函数，则称之为非线性规划问题[10] (Nonlinear Programming Problem，NLP)，简记为 NLP 问题。

一般的非线性规划问题，根据约束条件的情况可分为两种。

(1) 无约束非线性规划问题，即没有任何约束条件的非线性规划问题，有时也称为无约束化问题或简称为无约束问题，常写成

$$\min f(\boldsymbol{x}),\ \boldsymbol{x}\in \boldsymbol{E}^n \tag{1.4}$$

其中，$f(\boldsymbol{x})$是定义在 $\boldsymbol{E}^n$ 上的实函数。这个问题是求 $f(\boldsymbol{x})$在 n 维欧式空间中的极小点。

(2) 约束非线性规划问题，即至少有一个约束条件限制的非线性规划问题，有时也称为约束优化问题或简称为有约束问题。

一般而言，约束非线性规划问题总可以表示为

$$\begin{cases}\min & f(\boldsymbol{x})\\ \text{s. t.} & g_i(\boldsymbol{x})\leqslant 0,\ i=1,\ 2,\ \cdots,\ m,\\ & h_j(\boldsymbol{x})=0,\ j=1,\ 2,\cdots,\ l\end{cases} \tag{1.5}$$

在进行理论讨论时，为方便起见，往往引入向量值函数

$$\begin{cases}\boldsymbol{g}(\boldsymbol{x})=(g_1(\boldsymbol{x}),\ g_2(\boldsymbol{x}),\ \cdots,\ g_m(\boldsymbol{x}))^{\mathrm{T}}\\ \boldsymbol{h}(\boldsymbol{x})=(h_1(\boldsymbol{x}),\ h_2(\boldsymbol{x}),\ \cdots,\ h_l(\boldsymbol{x}))^{\mathrm{T}}\end{cases} \tag{1.6}$$

于是约束非线性规划又常常写成

$$\begin{cases}\min & f(\boldsymbol{x})\\ \text{s. t.} & g(\boldsymbol{x})\leqslant 0\\ & h(\boldsymbol{x})=0\end{cases} \tag{1.7}$$

或者

$$\begin{cases}\min & f(\boldsymbol{x})\\ \text{s. t.} & \boldsymbol{x}\in D\end{cases} \tag{1.8}$$

其中，$D=\{\boldsymbol{x}\,|\,g(\boldsymbol{x})\leqslant 0,\ h(\boldsymbol{x})=0,\ \boldsymbol{x}\in \boldsymbol{E}^n\}$。

由于非线性规划的目标函数及约束条件的复杂性，现在还没有一种算法能保证找到任何一个非线性规划的全局最优解，而往往只能找到某个局部最优解，因此，需要对全局最优解及局部最优解分别给出定义。

定义 1.3 局部最优解(Local Optimal Solution)：设 D 是非线性规划问题(1.5)的可行域，$\boldsymbol{x}^*\in D$，若存在 $\boldsymbol{x}^*$ 的一个领域 $N(\boldsymbol{x}^*,\delta)$若对任一点 $\boldsymbol{x}\in D\cap N(\boldsymbol{x}^*,\delta)$，都有 $f(\boldsymbol{x}^*)\leqslant f(\boldsymbol{x})$，则称 $\boldsymbol{x}^*$ 是非线性规划(1.5)的一个局部最优(极小)解。

特别地，若 $f(\boldsymbol{x}^*)<f(\boldsymbol{x})$成立，则称 $\boldsymbol{x}^*$ 是一个严格局部最优(极小)解。

定义 1.4 全局最优解(Global Optimal Solution)：设 $\boldsymbol{x}^*\in D$，若对 D 中任一点 $\boldsymbol{x}$，都有 $f(\boldsymbol{x}^*)\leqslant f(\boldsymbol{x})$，则称 $\boldsymbol{x}^*$ 是非线性规划(1.5)的一个全局最优(极小)解。

1.1.3　凸集和凸函数

定义 1.5　集合 $S\subset\mathbf{R}^n$，若对任两点 x，$y\in S$ 及任意的实数 $\theta\in[0,1]$，都有

$$(1-\theta)\boldsymbol{x}+\theta\boldsymbol{y}\in S \tag{1.9}$$

则称 S 为 $\mathbf{R}^n$ 中的凸集。

由上述定义不难知道凸集的几何意义。即对非空集合 $S\subset\mathbf{R}^n$，若连接其中任意两点的线段仍属于该集合，则称集合为凸集。

根据凸集的定义，可以证明有下述性质，即在同一空间中：

(1) 有限个凸集的交集也是凸集；

(2) 如果 S_1 和 S_2 都是凸集，则集合

$$S=\{\boldsymbol{z}:\ \boldsymbol{z}=\boldsymbol{x}-\boldsymbol{y},\ \boldsymbol{x}\in S_1,\ \boldsymbol{y}\in S_2\} \tag{1.10}$$

也是凸集；

(3) 如果 S_1 和 S_2 都是凸集，则集合

$$S=\{\boldsymbol{z}:\ \boldsymbol{z}=\boldsymbol{x}+\boldsymbol{y},\ \boldsymbol{x}\in S_1,\ \boldsymbol{y}\in S_2\} \tag{1.11}$$

也是凸集；

(4) 如果 S_1，…，S_n 都是凸集，则集合

$$S=\left\{\boldsymbol{z}:\ \boldsymbol{z}=\sum_{i=1}^{n}a_i\boldsymbol{x}^{(t)},\ \boldsymbol{x}^{(i)}\in S_i,\ a_i\geqslant 0,\ \sum_{i=1}^{n}a_i=1\right\} \tag{1.12}$$

也是凸集。

定义 1.6　如果集合 S 包含它的一切极限点，则称 S 为闭集。换言之，如果点列 $\boldsymbol{x}^{(1)}$，$\boldsymbol{x}^{(2)}$，$\boldsymbol{x}^{(3)}$，$\cdots\in S$ 及 $\boldsymbol{x}^{(k)}\to\boldsymbol{x}^*$ $(k\to\infty)$，有 $\boldsymbol{x}^*\in S$，则称 S 是闭的。

定义 1.7　设非空集合 $C\subset\mathbf{R}^n$。若对任意的 $\boldsymbol{x}\in C$ 和任意的实数 $\lambda>0$，有 $\lambda\boldsymbol{x}\in C$，则称 C 为一个锥。若 C 同时也是凸集，则称 C 为一个凸锥。此外，对于锥 C，若 $0\in C$，则称 C 是一个尖锥。相应地，包含 0 的凸锥称为尖凸锥。

定义 1.8　若 $\mathbf{A}=[\boldsymbol{a}^{(1)},\ \boldsymbol{a}^{(2)},\ \cdots,\ \boldsymbol{a}^{(n)}]$是 $m\times n$ 矩阵，集合

$$C=\{\mathbf{A}\boldsymbol{x}:\ \boldsymbol{x}\geqslant 0\} \tag{1.13}$$

或写为

$$C=\{x_1\boldsymbol{a}^{(1)}+\cdots+x_n\boldsymbol{a}^{(n)},\ \forall x_j\geqslant 0,\ j=1,\ \cdots,\ n\} \tag{1.14}$$

称为向量 $\boldsymbol{a}^{(1)}$，$\boldsymbol{a}^{(2)}$，…，$\boldsymbol{a}^{(n)}$ 的有限集生成的有限锥。

定义 1.9　设 f: $C\subset\mathbf{R}^n\to\mathbf{R}^1$，其中 C 是非空凸集，若对于任给的 $\boldsymbol{x}^{(1)}$，$\boldsymbol{x}^{(2)}\in C$ 及任给的 $\lambda\in[0,1]$，都有

$$f(\lambda\boldsymbol{x}^{(1)}+(1-\lambda)\boldsymbol{x}^{(2)})\leqslant\lambda f(\boldsymbol{x}^{(1)})+(1-\lambda)f(\boldsymbol{x}^{(2)}) \tag{1.15}$$

则称 $f(\boldsymbol{x})$为上的凸函数。

如果对于任给的 $\boldsymbol{x}^{(1)}$，$\boldsymbol{x}^{(2)}\in C$ 及任给的 $\lambda\in[0, 1]$，都有

$$f(\lambda\boldsymbol{x}^{(1)}+(1-\lambda)\boldsymbol{x}^{(2)})<\lambda f(\boldsymbol{x}^{(1)})+(1-\lambda)f(\boldsymbol{x}^{(2)}) \tag{1.16}$$

则称 $f(\boldsymbol{x})$ 为 C 上的严格凸函数。

如果 $-f(\boldsymbol{x})$ 为 C 上的凸函数，则称 $f(\boldsymbol{x})$ 为 C 上的凹函数。

下面介绍凸函数的性质。

性质 1.1 若 $f(\boldsymbol{x})$ 是凸集 $C\in\mathbf{R}^n$ 上的凸函数，对任意正整数 $n\geqslant 2$ 及任意 $\boldsymbol{x}(1)$，$\boldsymbol{x}(2)$，…，$\boldsymbol{x}(n)\in C$，以及任意 λ_1，λ_2，…，$\lambda_n\geqslant 0$，满足 $\sum\limits_{i=1}^{n}\lambda_i=1$，有

$$f\left(\sum_{i=1}^{n}\lambda_i\boldsymbol{x}^{(i)}\right)\leqslant\sum_{i=1}^{n}\lambda_i f(\boldsymbol{x}^{(i)}) \tag{1.17}$$

成立。

性质 1.2 若 $f_1(\boldsymbol{x})$ 和 $f_2(\boldsymbol{x})$ 是凸集 $C\in\mathbf{R}^n$ 上的凸函数，则

$$f(\boldsymbol{x})=f_1(\boldsymbol{x})+f_2(\boldsymbol{x}) \tag{1.18}$$

也是 C 上的凸函数。

性质 1.3 若 $f(\boldsymbol{x})$ 是凸集 $C\in\mathbf{R}^n$ 上的凸函数，则对任意的 $\lambda\geqslant 0$，函数 $\lambda f(\boldsymbol{x})$ 也是 C 上的凸函数。

可以推出：若 $f_1(\boldsymbol{x})$，$f_2(\boldsymbol{x})$，…，$f_k(\boldsymbol{x})$ 是凸集 $C\in\mathbf{R}^n$ 上的凸函数，λ_1，λ_2，…，$\lambda\geqslant 0$，则非负线性组成

$$f(\boldsymbol{x})=\sum_{i=1}^{n}\lambda_i f_i(\boldsymbol{x}) \tag{1.19}$$

也是 C 上的凸函数。

性质 1.4 设 $f(\boldsymbol{x})$ 是凸集 $C\in\mathbf{R}^n$ 上的凸函数，则对每一实数 β，集合

$$C_\beta\{\boldsymbol{x}: f(\boldsymbol{x})\leqslant\beta, \boldsymbol{x}\in C\} \tag{1.20}$$

是凸集。

定理 1.1 设 $C\in\mathbf{R}^n$ 为非空开凸集，$f:C\to\mathbf{R}^1$ 在 C 上可微，则 f 是 C 上的凸函数的充要条件是对 $\forall\,\boldsymbol{x}^{(1)}$，$\boldsymbol{x}^{(2)}\in C$，恒有

$$f(\boldsymbol{x}^{(2)})\geqslant f(\boldsymbol{x}^{(1)})+\nabla f(\boldsymbol{x}^{(1)})^{\mathrm{T}}(\boldsymbol{x}^{(2)}-\boldsymbol{x}^{(1)}) \tag{1.21}$$

成立，其中 $\nabla f(\boldsymbol{x}^{(1)})$ 为函数 f 在 $\boldsymbol{x}^{(1)}$ 处的梯度。

定理 1.2 设 $C\in\mathbf{R}$ 为非空开凸集，f: $C\to\mathbf{R}^1$ 在 C 上二阶可微，则 f 是 C 上的凸函数的充要条件是每一 $\boldsymbol{x}\in C$，f 在 $\boldsymbol{x}$ 处的 Hessen 矩阵

$$\boldsymbol{H}(\boldsymbol{x})=\nabla^2 f(\boldsymbol{x}) \tag{1.22}$$

为半正定。

定理 1.3 设 $C\in\mathbf{R}^n$ 为非空开凸集，f: $C\to\mathbf{R}^1$ 在 C 上二阶可微，若对一切

$\boldsymbol{x}\in C$，由式(1.21)定义的矩阵 $\boldsymbol{H}(\boldsymbol{x})$正定，则 f 是 C 上的严格凸函数。

定义 1.10 （凸约束问题）称约束问题

$$\begin{cases}\min & f(\boldsymbol{x}),\ \boldsymbol{x}\in\mathbf{R}^n \\ \text{s.t.} & c_i(\boldsymbol{x})\leqslant 0,\ i=1,\cdots,p, \\ & c_i(\boldsymbol{x})=0,\ i=p+1,\cdots,p+q\end{cases} \tag{1.23}$$

为凸约束最优化问题，如果其中的目标函数 $f(\boldsymbol{x})$和约束函数 $c_i(\boldsymbol{x})(i=1,\cdots,p)$都是凸函数，而 $c_i(\boldsymbol{x})(i=p+1,\cdots,p+q)$是线性函数。

定理 1.4 （凸函数的极小） 考虑凸函数约束问题(1.22)。设问题的可行域

$$D=\{\boldsymbol{x}\,|\,c_i(\boldsymbol{x})\leqslant 0,\ i=1,\cdots,p;\ c_i(\boldsymbol{x})=0,\ i=p+1,\cdots,p+q;\ \boldsymbol{x}\in\mathbf{R}^n\} \tag{1.24}$$

则

(1) 若问题有局部解 $\boldsymbol{x}^*$，则 $\boldsymbol{x}^*$ 是问题的全局解；

(2) 问题的全局解组成的集合是凸集；

(3) 问题有局部解 $\boldsymbol{x}^*$，$f(\boldsymbol{x})$是 D 上的严格凸函数，则 $\boldsymbol{x}^*$ 是问题的唯一解。

有下面的推论成立：

(1) 考虑不定式约束问题

$$\begin{cases}\min & f(\boldsymbol{x}),\ \boldsymbol{x}\in\mathbf{R} \\ \text{s.t.} & c_i(\boldsymbol{x})\leqslant 0,\ i=1,\cdots,p\end{cases} \tag{1.25}$$

其目标函数 $f(\boldsymbol{x})$和约束条件 $c_i(\boldsymbol{x})(i=1,\cdots,p)$都是上 $\mathbf{R}^n$ 的凸函数，则定理 1.4 的结论成立。

(2) 考虑无约束问题

$$\min \quad f(\boldsymbol{x}),\ \boldsymbol{x}\in\mathbf{R}^n \tag{1.26}$$

设其目标函数 $f(\boldsymbol{x})$是 $\mathbf{R}^n$ 上的凸函数，则定理 1.4 的结论成立。

1.2 统计学习理论

1.2.1 机器学习的问题表示

机器学习是近 20 多年兴起的一门多领域交叉学科，涉及概率论、统计学、逼近论、凸分析等。简单地说，机器学习就是让机器模拟人类的学习行为，从学习中不断增长知识，从而根据已有的知识能够进行判断，并从经验学习中改进算法。机器学习是人工智能领域继专家系统后又一个重要研究内容。机器学

习用数学语言来说就是根据训练样本确定依赖关系，然后对于任意输入预测未来的结果。学习过程如图 1.1 所示。

图 1.1 机器学习模型

机器学习问题表示变量 y 和变量 x 之间存在一定的未知关系，即存在二维联合概率密度 $F(x, y)$。事先给定 n 个独立同分布的数据样本(x_1, y_1)，(x_2, y_2)，…，(x_n, y_n)，从预测函数集中获取适当的 $f(x, w)$，使期望风险 $R(w)$的值最小，$R(w)$表示为

$$R(w) = \int L(y, f(x, w))\mathrm{d}F(x, y) \tag{1.27}$$

其中：$\{f(x, w)\}$为预测函数集，$L(y, f(x, w))$为损失函数，指预测值和实际值的误差。损失函数的形式并不固定，根据机器学习类型的不同而不同。在预测函数集$\{f(x, w)\}$中找到一个最优函数 $f(x, w_0)$后，机器的学习模型就确定了，机器学习的关键核心内容是任意输入一个 x 值，通过机器学习模型，能够得到一个输出 y 的值。

1.2.2 经验风险最小化原则

机器学习的目的是使期望风险最小，也就是说使实际风险最小化，满足这点的机器才具有较强的学习能力和较好的推广性。期望风险最小化依赖于最优函数 $F(x, y)$的确定，然而这个函数在实际中往往无法得到，唯一能够使用的就是训练样本中 x 和 y 的值，而机器学习为了达到优良的推广性能，又必须使期望风险最小。这时就用样本的算术平均来代替期望风险：

$$R_{\mathrm{emp}}(w) = \frac{1}{l}\sum_{i=1}^{l} L(y_i, f(x_i, w)) \tag{1.28}$$

由于 $R_{\mathrm{emp}}(w)$是根据已有的数据得到的，称为经验风险。式(1.28)的关键是调整参数 w 的取值。

从以上讨论可以看出，通过经验风险最小化来达到真实风险最小化必定存在误差，而且这种近似的替代根本没有理论依据。尽管存在这些缺陷，但为了求解问题，这一思想在机器学习中统治了很长时间。

通常，函数 $F(x, y)$不可知，所以根本无法由式(1.28)计算出 $R_{\mathrm{emp}}(w)$。因此引入式(1.29)

$$R_{\text{emp}}(\alpha)=\frac{1}{l}\sum_{i=1}^{l}L(y_i, Q(x_i, \alpha)) \tag{1.29}$$

来近似代替式(1.27)中的期望风险。

但是，这种近似的代替仍然存在问题。一方面，$R_{\text{emp}}(\alpha)$和$R(w)$也只有当样本无穷大时，两个函数的值才近似相等，这在实际应用中几乎不可能，所以必定存在较大的误差；$R_{\text{emp}}(\alpha)$和$R(w)$的值近似相等也是从概率的角度考虑，并不能说明$R_{\text{emp}}(\alpha)$和$R(w)$同时最小。另一方面，即使样本是无穷大的，在这种情况下通过训练样本得到了学习机器，但也没有理论确保此时的学习机器具有较好的学习性能。

期望风险与经验风险之间的关系可以用图 1.2 表示。

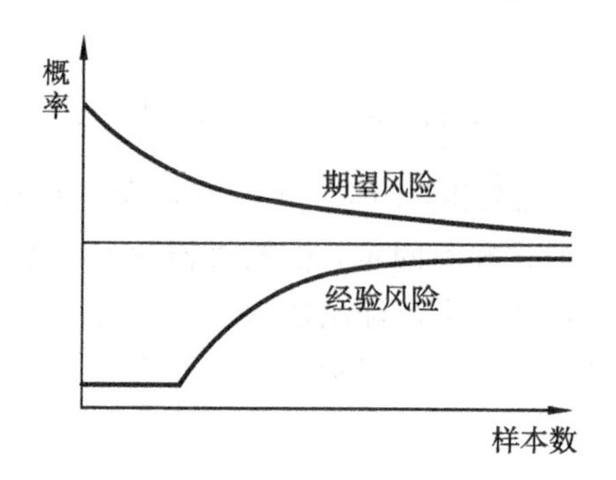

图 1.2　经验风险与期望风险的概率分布

经验风险最小化(Empirial Risk Minimization，ERM)准则在多年的机器学习方法研究中占据了主要地位。但 ERM 准则代替期望风险最小化没有经过充分的理论论证，只是直观上合理的想当然做法。ERM 准则不成功的一个例子是神经网络的“过学习”问题。训练误差小，并不总能得到好的预测效果，某些情况下，训练误差过小反而会导致推广能力的下降，即真实风险的增加。

可以看出，有限样本情况下，经验风险最小并不一定意味着期望风险最小；学习机器的复杂性不但应与所研究的系统有关，而且要和有限数目的样本相适应。我们需要一种能够指导在小样本情况下建立有效的学习和推广方法的理论，这就是统计学习理论。统计学习理论是研究小样本统计估计和预测的理论，其核心内容包括：基于经验风险最小化准则的统一学习一致性条件；统计学习方法推广性的界；在推广界的基础上建立的小样本归纳推理准则；实现新的准则的实际方法。其中，最有指导性的理论结果是推广界，与此相关的一个核心概念是 VC 维(Vapnik-Chervonenkis Dimension)。

1.2.3 VC 维

VC 维最早由国外学者 Vapnik 和 Chervonenkis 在 19 世纪 60 年代提出并不断改进，所以用两位学者的名字命名为 VC 维。VC 维反映了机器学习中函数集合的大小，VC 维的大小和函数集合的大小、机器学习能力是一致的，能反映机器学习的性能。

设 F 是一个假设集，即由在 $\boldsymbol{X}\subset\mathbf{R}^n$ 上取值为 -1 或 $+1$ 的若干函数组成的集合。记 $Z_m=\{x_1, \cdots, x_m\}$为 $\boldsymbol{X}$ 中的 m 个点组成的集合。考虑当 f 取遍 F 中的所有可能的假设时产生的 m 维向量$(f(x_1), \cdots, f(x_m))$。定义 $N(F, Z_m)$为上述 m 维向量中不同的向量的个数。

如果 $N(F, Z_m)=2^m$，称 Z_m能够被 F 完全区别开。

$N(F, m)$可用下式计算

$$N(F, m) = \max\{N(F, Z_m): Z_m \subset \boldsymbol{X}\} \tag{1.30}$$

公式(1.30)中，$Z_m=\{x_1, \cdots, x_m\}$共由 m 个点构成，$\max\{\cdot\}$表示从 m 个点中取最大值。F 表示一个集合，其值只有两种情况，即对于任意的输入 $\boldsymbol{X}$，F 的取值，要么是$+1$，要么为-1，它的 VC 维可用下式表示：

$$\text{VCdim}(F) = \max\{m: N(F, m) = 2^m\} \tag{1.31}$$

如果$\{m: N(F, m)=2^m\}$无穷大，那么 $\text{VCdim}(F)=\infty$。

以上是 VC 维理论，是统计学习的重要理论，也是支持向量机理论中的核心内容。

1.2.4 结构风险最小化原则

通过前面的分析可知，传统的机器学习是基于经验风险最小化的，用经验风险$R_{\text{emp}}(w)$代替期望风险即实际风险 $R(w)$，两者之间的关系可以用式(1.32)表示：

$$R(w) \leqslant R_{\text{emp}}(w) + \sqrt{\frac{h(\ln(2l/h)+1)-\ln(\eta/4)}{l}} \tag{1.32}$$

式中，h 代表 VC 维的大小，η 的约束条件是 $0\leqslant\eta\leqslant1$，l 为数据序列的长度。

从式(1.32)可以看出，实际风险和经验风险之间存在一定的差别，我们将两者之差称之为置信范围。为了保证实际风险最小，不仅要使经验风险最小，也要使置信范围最小，这样机器的推广性才能得到提高。这就是结构风险最小化的思想。

图 1.3 给出了学习风险的构成，它由置信范围和经验风险组成，这两部分取值不当容易造成机器的欠学习或过学习。随着 VC 维数目 h 的增加，容易造

成过学习，反之容易造成欠学习。当数据量 n 不变时，VC 维和置信范围成正比，此时经验风险的值会远远偏离真实风险。由于真实风险值等于置信范围值再加上经验风险值，随着 h 的增加，置信范围在增大，经验风险在减小，因而真实风险的界可以在某一点处取得，此时的函数子集 S^* 能使支持向量机具有最佳的推广能力。

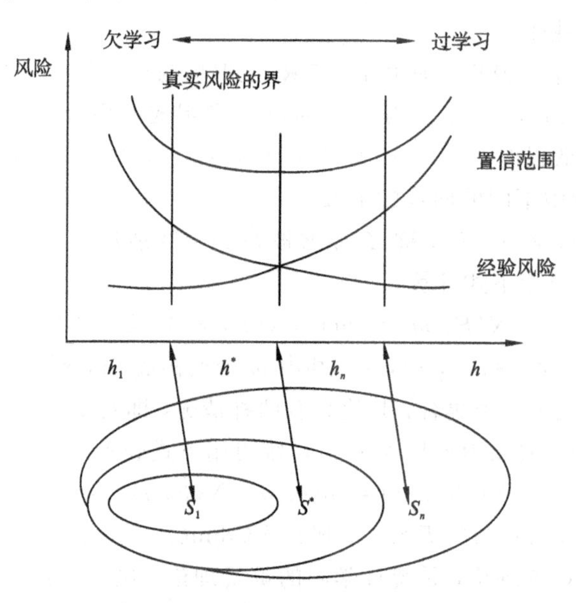

图 1.3　结构风险最小化原理

第 2 章　支持向量机理论

2.1　最优分类超平面

设有一向量(x_i, y_i)，假设样本的维数为 L，$i\in[1, L]$，其中 $x_i\in \mathbf{R}^n$ 为输入，$y_i\in[-1, 1]$为输出，输出只有两种可能的值：-1 表示一种类别，1 表示另一种类别，也可以用 0 和 1 表示。如果对于任意的输入样本，均满足如下的关系表达式：

$|\langle \boldsymbol{w}\cdot \boldsymbol{x}\rangle+\boldsymbol{b}|\geqslant 1$，则说明这些样本可以被一个平面完全无错误地分开，这样的平面可能不止一个，称为分类超平面，它的数学表达式为

$$\langle \boldsymbol{w}\cdot \boldsymbol{x}\rangle+\boldsymbol{b}=0 \tag{2.1}$$

式(2.1)中，$\langle\cdot\rangle$为两个向量的内积；$\boldsymbol{w}\in \mathbf{R}^n$ 表示支持向量机分类超平面的法线；$\boldsymbol{b}\in \mathbf{R}$ 为分类超平面两边的点到分类超平面的距离。

通过分类超平面的分隔，这些样本点都分别分散在超平面的两边(也有可能在超平面上)，所以这些样本点被分成两类，分别位于超平面两边。样本与分类超平面的距离是不同的，两边样本之间的距离之和最小值叫做“分类间隔”，它们的距离满足：

$$y_i(\langle \boldsymbol{w}\cdot \boldsymbol{x}\rangle+\boldsymbol{b})\geqslant 1 \tag{2.2}$$

根据数学计算可以得出其值为 $2/\|\boldsymbol{w}\|^2$。分类超平面是在保证样本数据能完全分开的基础上，让分类间隔尽可能的大，这样的平面叫做最优分类超平面。从分类间隔的计算式中可以看出，为了保证分类间隔最大，就得让 $\|\boldsymbol{w}\|^2$ 最小，最优分类超平面示意图如图 2.1 所示。

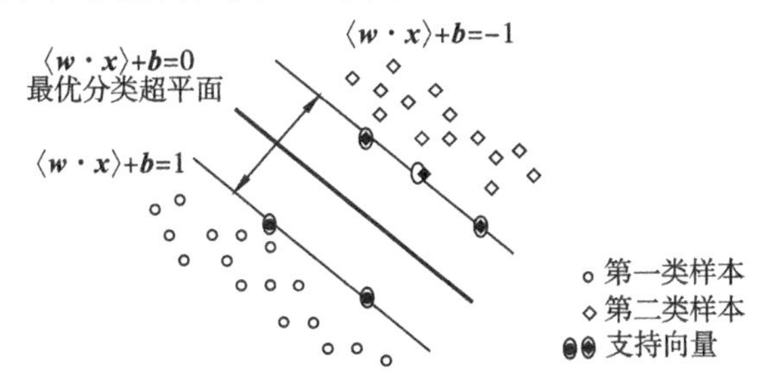

图 2.1　最优分类超平面示意图

2.2　支持向量分类机

支持向量机最初是以解决分类问题为出发点的。考虑二分类问题，给定训练样本集：

$$T=\{(x_1,y_1),(x_2,y_2),\cdots,(x_l,y_l)\}\subset\mathbf{R}^n\times\{-1,+1\} \tag{2.3}$$

其中 l 为样本个数。学习的目标就是寻找 $\mathbf{R}^n$ 上的一个实值函数 $g(\boldsymbol{x})$，以便用决策函数

$$f(\boldsymbol{x})=\mathrm{sgn}\{g(\boldsymbol{x})\} \tag{2.4}$$

将两类样本尽可能正确地分类。其中 sgn 是符号函数。求解分类问题，实质上就是找一个把 $\mathbf{R}^n$ 上的点分成两部分的规则。参照机器学习领域的术语把解决分类问题的方法称为分类学习机。当 $g(\boldsymbol{x})$为线性函数 $g(\boldsymbol{x})=\boldsymbol{w}\cdot\boldsymbol{x}+\boldsymbol{b}$ 时(其中“·”表示向量内积)，决策函数(2.4)称为线性分类学习机；当 $g(\boldsymbol{x})$为非线性函数时，相应地称为非线性分类学习机。

2.2.1　线性分类

寻求线性可分最优分类超平面归结为如下的二次优化问题：

$$\begin{aligned}&\min_{\omega,b}\frac{1}{2}\|\boldsymbol{\omega}\|^2\\&\text{s.t.}\ \ y_i(\boldsymbol{\omega}.x_i)+\boldsymbol{b}\geqslant 1,\ i=1,2,\cdots,l\end{aligned} \tag{2.5}$$

该模型称为硬间隔支持向量分类机，它表示在经验风险为零的情况下使VC维的界最小化，从而最小化 VC 维，实现了结构风险最小化(Structural Risk Minimization，SRM)，即 SRM 准则。这是一个凸二次规划问题，有唯一极小点。

一般问题(2.5)的解是通过求其对偶问题而获得的，根据凸优化理论，首先引入Lagrange函数

$$L(\boldsymbol{\omega},\boldsymbol{b},\boldsymbol{a})=\frac{1}{2}\|\boldsymbol{\omega}\|^2-\sum_{i=1}^{l}\alpha_i[y_i(\omega\cdot x_i+\boldsymbol{b})-1] \tag{2.6}$$

其中 $\boldsymbol{\alpha}=(\alpha_1,\cdots,\alpha_l)^{\mathrm{T}}$为非负拉格朗日乘子向量。

原问题(2.5)的最优解满足如下 KKT 条件，即 Karush-Kuhn-Tucker 最优化条件：

$$\begin{cases}\dfrac{\partial L(\boldsymbol{\omega},\boldsymbol{b},\boldsymbol{a})}{\partial\boldsymbol{\omega}}=\boldsymbol{\omega}-\sum\limits_{i=1}^{l}\alpha_i y_i x_i=0\\\dfrac{\partial L(\boldsymbol{\omega},\boldsymbol{b},\boldsymbol{a})}{\partial\boldsymbol{b}}=-\sum\limits_{i=1}^{l}\alpha_i y_i=0\\y_i(\boldsymbol{\omega}\cdot x_i+\boldsymbol{b})-1\geqslant 0\\\alpha_i\geqslant 0\\\alpha_i[y_i(\boldsymbol{\omega}\cdot x_i+\boldsymbol{b})-1]=0,\ i=1,2,\cdots,l\end{cases} \tag{2.7}$$

根据定义，将式(2.7)中前两式代入 Lagrange 函数(2.6)得问题(2.5)的对偶问题为：

$$\begin{cases}\min\limits_{\alpha} \dfrac{1}{2}\sum_{i=1}^{l}\sum_{j=1}^{l}\alpha_i\alpha_j y_i y_j (x_i \cdot x_j) - \sum_{i=1}^{l}\alpha_i \\ \text{s. t.}\ \sum_{i=1}^{l}\alpha_i y_i = 0 \quad \alpha_i \geqslant 0,\ i = 1, 2, \cdots, l\end{cases} \tag{2.8}$$

求得对偶问题(2.8)的最优解为 $\boldsymbol{\alpha}^* = (\alpha_1^*, \alpha_2^*, \cdots, \alpha_l^*)^{\mathrm{T}}$。

由上述 KKT 条件可得原问题(2.5)的最优解($\boldsymbol{w}^*, \boldsymbol{b}^*$)，即

$$\boldsymbol{\omega}^* = \sum_{i=1}^{l}\alpha_i^* y_i x_i \tag{2.9}$$

又由 KKT 条件 $\alpha_i^*[y_i(\boldsymbol{w}^* \cdot x_i + \boldsymbol{b}^*) - 1] = 0$ 知：当 $\alpha_i^* >$ 时，有 $y_i(\boldsymbol{w}^* \cdot x_i + \boldsymbol{b}^*) - 1 = 0$，称与 $\alpha_i^* > 0$ 对应的训练样本为支持向量(SV)。这样利用任一支持向量可求得

$$\boldsymbol{b}^* = y_j - \sum_{i=1}^{l} y_i \alpha_i^* (x_i \cdot x_j),\ j \in \text{SV}$$

而在实际中多采用下式计算阈值：

$$\boldsymbol{b}^* = \frac{1}{|\text{SV}|}\sum_{j \in \text{SV}}\left[y_i - \sum_{i=1}^{l} y_i \alpha_i^* (x_i \cdot x_j)\right]$$

构造最优分类超平面

$$\boldsymbol{\omega}^* \cdot \boldsymbol{x} + \boldsymbol{b}^* = \sum_{i \in \text{SV}}\alpha_i^* y_i (x_i \cdot \boldsymbol{x}) + \boldsymbol{b}^* = 0$$

相应的决策函数为

$$f(\boldsymbol{x}) = \text{sgn}\left\{\sum_{i \in \text{SV}}\alpha_i^* y_i (x_i \cdot \boldsymbol{x}) + \boldsymbol{b}^*\right\} \tag{2.10}$$

由上述分析推导易知：① 所得到的最优分类超平面仅仅依赖于 $\alpha_i^* > 0$ 的训练样本(支持向量)，而与 α_i^* 为零的训练样本无关。② 通过使用对偶技术，不但使原问题更好处理，而且使训练样本在对偶问题中仅以向量内积的形式出现，正是这一重要性质，使得支持向量机方法能推广到非线性情况。因此一般对支持向量分类机的研究都从其对偶问题开始的。

2.2.2　近似线性分类

若训练集不能被线性函数完全分开，则最优分类超平面未必存在。为此需要对线性可分情形做适当修改，即对每一个样本引入一个松弛因子(错分变量 $\xi_i \geqslant 0$)，将原约束条件改为

$$y_i(\boldsymbol{\omega} \cdot x_i - \boldsymbol{b}) \geqslant 1 - \xi_i,\ i = 1, 2, \cdots, l$$

显然，当样本 x_i 被错分时必有 $\xi_i > 0$，所以 $\sum_{i=1}^{l}\xi_i$ 可看作经验风险函数。根据 SRM 原则，在目标函数中为分类误差分配一个额外的代价函数，并引入惩罚因子 C 来平衡置信范围和经验风险，故寻求最优分类面的问题就转化为下列形式：

$$\begin{aligned}&\min_{\omega, b, \xi} \frac{1}{2}\|\boldsymbol{\omega}\|^2 + C\sum_{i=1}^{l}\xi_i,\\ &\text{s.t.}\quad y_i(\boldsymbol{\omega}\cdot x_i + \boldsymbol{b}) \geqslant 1 - \xi_i,\quad \xi_i \geqslant 0,\ i = 1, 2, \cdots, l\end{aligned} \tag{2.11}$$

其中 C 是用来控制对错分样本的惩罚程度，C 越大对错误的惩罚越重。称模型(2.11)为软间隔支持向量分类机。

与线性可分的推导类似，引入 Lagrange 函数

$$L(\boldsymbol{\omega}, \boldsymbol{b}, \boldsymbol{\xi}, \boldsymbol{\alpha}, \boldsymbol{\beta}) = \frac{1}{2}\|\boldsymbol{\omega}\|^2 + C\sum_{i=1}^{l}\xi_i - \sum_{i=1}^{l}\alpha_i[y_i(\omega\cdot x_i + \boldsymbol{b}) - 1 + \xi_i] - \sum_{i=1}^{l}\beta_i\xi_i$$

其中 $\boldsymbol{\alpha}=(\boldsymbol{\alpha}_1, \cdots, \boldsymbol{\alpha}_l)^{\mathrm{T}}$，$\boldsymbol{\beta}=(\boldsymbol{\beta}_1, \cdots, \boldsymbol{\beta}_l)^{\mathrm{T}}$ 为非负拉格朗日乘子向量。

原问题(2.11)的最优解满足如下 KKT 条件：

$$\begin{aligned}&\frac{\partial L(\boldsymbol{\omega}, \boldsymbol{b}, \boldsymbol{\xi}, \boldsymbol{\alpha}, \boldsymbol{\beta})}{\partial \boldsymbol{\omega}} = \boldsymbol{\omega} - \sum_{i=1}^{l}\alpha_i y_i x_i = 0\\ &\frac{\partial L(\boldsymbol{\omega}, \boldsymbol{b}, \boldsymbol{\xi}, \boldsymbol{\alpha}, \boldsymbol{\beta})}{\partial \boldsymbol{b}} = -\sum_{i=1}^{l}\alpha_i y_i = 0\\ &\frac{\partial L(\boldsymbol{\omega}, \boldsymbol{b}, \boldsymbol{\xi}, \boldsymbol{\alpha}, \boldsymbol{\beta})}{\partial \boldsymbol{\xi}_i} = C - \alpha_i - \beta_i = 0\\ &y_i(\boldsymbol{\omega}\cdot x_i + \boldsymbol{b}) - 1 + \xi_i \geqslant 0\\ &\xi \geqslant 0,\ \alpha_i \geqslant 0,\ \beta_i \geqslant 0,\\ &\alpha_i[y_i(\boldsymbol{\omega}\cdot x_i + \boldsymbol{b}) - 1 + \xi_i] = 0\\ &\beta_i\xi_i = 0,\ i = 1, 2, \cdots, l\end{aligned} \tag{2.12}$$

由上述前两式得

$$\begin{aligned}\boldsymbol{\omega} &= \sum_{i=1}^{l}\alpha_i y_i x_i\\ \sum_{i=1}^{l}\alpha_i y_i &= 0\end{aligned} \tag{2.13}$$

将式(2.13)代入 Lagrange 函数可得(2.11)的对偶问题为

$$\begin{aligned}&\min_{\alpha} \frac{1}{2}\sum_{i=1}^{l}\sum_{j=1}^{l}\alpha_i\alpha_j y_i y_j (x_i \cdot x_j) - \sum_{i=1}^{l}\alpha_i\\ &\text{s.t.} \sum_{i=1}^{l}\alpha_i y_i = 0 \quad 0 \leqslant \alpha_i \leqslant C,\ i = 1, 2, \cdots, l\end{aligned} \tag{2.14}$$

求得上述问题的解为 $\boldsymbol{\alpha}^*$。根据 KKT 条件求得 $(\boldsymbol{\omega}^*, \boldsymbol{b}^*)$，从而构造决策函数

$$f(\boldsymbol{x})=\mathrm{sgn}(\boldsymbol{\omega}^* \cdot \boldsymbol{x}+\boldsymbol{b}^*)$$

2.2.3　非线性分类

对于非线性分类问题，若在原始空间中的最优分类面不能得到满意的分类效果，则可以通过非线性变换将其转化为某个高维空间中的线性问题，在变换空间中求最优分类面。

变换可能比较复杂，在一般情况下不易实现，SVM 通过核函数变换巧妙地解决了这个问题。

设有非线性映射 Φ: $\mathbf{R}^d \to \boldsymbol{H}$ 将输入空间的数据样本映射到高维特征空间 $\boldsymbol{H}$ 中。在特征空间 $\boldsymbol{H}$ 中构造最优分类面时，算法使用点积运算，即 $\langle \Phi(x_i) \cdot \Phi(x_j) \rangle$，没有单独的 $\Phi(x_i)$ 出现。因此，如果能够找到一个函数 K 使得 $K(x_i, x_j)=\langle \Phi(x_i) \cdot \Phi(x_j) \rangle$，则在高维空间中只需进行点积运算，而这种点积运算是可以用原空间中的函数实现的，甚至没有必要知道变化 Φ 的形式。根据泛函的有关理论，只要一种核函数 $K(x_i, x_j)$ 满足 Mercer 条件，它就对应某一变换空间中的点积。

因此，在最优分类面中采用适当的内积函数 $K(x_i, x_j)$ 就可以实现某一非线性变换后的线性分类，而计算复杂度却没有增加，此时目标函数式变为

$$Q(\boldsymbol{\alpha}) = \sum_{i=1}^{n} \alpha_i - \frac{1}{2} \sum_{i,j=1}^{n} \alpha_i \alpha_j y_i y_j K(x_i, x_j) \tag{2.15}$$

相应地，分类函数也变为

$$f(\boldsymbol{x}) = \mathrm{sgn}\left(\sum_{i=1}^{n} \alpha_i^* y_i K(x_i, \boldsymbol{x}) + \boldsymbol{b}^*\right) \tag{2.16}$$

函数 K 称为点积核函数，可以理解为在数据样本之间定义的一种距离。这一特点提供了解决算法中维数灾难问题的方法。在构造判别函数时，不是对输入空间的样本作非线性变换，然后在特征空间中求解，而是先在输入空间求点积或某种距离运算，然后再对结果作非线性变换。这样，大量的运算将在输入空间而不是在高维特征空间中完成。

式(2.16)的 SVM 分类函数在形式上类似一个神经网络，输出是 s 个中间节点的线性组合，每个中间节点对应一个支持向量。

由于最终的判别函数中实际只包含未知向量与支持向量的内积的线性组合，因此识别时的计算复杂度取决于支持向量的个数。

目前，常用的核函数形式主要有以下三类，它们都与已有的算法有对应关系。

(1) 多项式核函数：$K(\boldsymbol{x}, x_i)=(\langle \boldsymbol{x} \cdot x_i \rangle+1)^q$，对应 SVM 是一个 q 阶多项式分类器。

(2) 径向基核函数：$K(\boldsymbol{x}, x_i)=\exp\left\{-\frac{\| \boldsymbol{x}-x_i \|^2}{\sigma^2}\right\}$，对应 SVM 是一种径向基函数分类器。

(3) S 形核函数：$K(\boldsymbol{x}, x_i)=\tanh(v\langle \boldsymbol{x} \cdot x_i \rangle+c)$，SVM 实现的就是一个两层的感知器神经网络，网络的权值、网络的隐层节点数目是由算法自动确定的。

2.2.4 多类分类问题

在实际应用中，不仅仅是二值分类问题，还会涉及到多类分类问题。本节将讨论多类分类问题的原理。

给定训练集$\{(x_i, y_i), \cdots, (x_l, y_l)\}$，其中，$x_i \in \mathbf{R}^n$，$y_i \in \{1, 2, \cdots, M\}$，$i=1, 2, 3, \cdots, l$。寻找 $\mathbf{R}^n$ 上的一个判别函数 $f(x)$，对任一输入 x 给出相对应的 y 值。上述多类分类问题实质上就是找到一个把 $\mathbf{R}^n$ 上的点分成 M 部分的规则。

下面说明利用二值分类的方法构造一个 n 类分类器的方法和步骤。

(1) 构造 n 个二值分类规则，其中规则 $f_k(x)$，$k=1, \cdots, n$ 将第 k 类的训练样本与其他训练样本分开，若向量 $\boldsymbol{x}_i$ 属于第 k 类，则 $\mathrm{sgn}[f_k(x_i)]=1$，否则 $\mathrm{sgn}[f_k(x_i)]=-1$。

(2) 选取函数 $f_k(\boldsymbol{x})$，$k=1, \cdots, n$ 中最大值所对应的类别：

$$m = \mathrm{argmax}\{f_1(\boldsymbol{x}_i), \cdots, f_n(\boldsymbol{x}_i)\} \tag{2.17}$$

通过上述两个步骤就可以构造将 n 类数据样本进行多类分类的多类器。

上述过程实际上给出了支持向量机处理多类分类问题的思路。多类分类问题的支持向量机方法的描述如下所述。

设已知数据样本训练集为 $\boldsymbol{x}_1^1, \cdots, \boldsymbol{x}_{l_1}^1, \cdots, \boldsymbol{x}_1^n, \cdots, \boldsymbol{x}_{l_n}^n$，其中，$x_i^k$中的上标 k 表示向量属于第 k 类。

考虑线性函数集：

$$f_k(\boldsymbol{x})=(\boldsymbol{x} \cdot \omega^k)+b_k, \quad k=1, \cdots, n \tag{2.18}$$

目标是构造 n 个函数，n 对(ω^k, b_k)，使得规则：

$$m = \mathrm{argmax}\{[(\boldsymbol{x} \cdot \omega^1)+b_1], \cdots, [(\boldsymbol{x} \cdot \omega^n)+b_n]\} \tag{2.19}$$

能将训练样本无错误地分开，即不等式

$$(x_i^k \cdot \omega^k)+b_k-(x_i^k \cdot \omega^m)-b_m \geqslant 1 \tag{2.20}$$

对所有 $k=1, \cdots, n$，$m \neq k$ 和 $i=1, \cdots, l_k$成立。

如果上述过程有解，则选取(ω^k, b_k)，$k=1, \cdots, n$，使得泛函$\sum_{k=1}^{n}(\omega^k \cdot \omega^k)$取最小值。

如果数据训练样本不能被无错误地分开，则最小化如下的泛函：

$$\sum_{k=1}^{n}(\omega^k \cdot \omega^k) + C\sum_{k=1}^{n}\sum_{i=1}^{l_k}\xi_i^k \tag{2.21}$$

约束条件为

$$(\boldsymbol{x}_i^k \cdot \omega^k) + b_k - (\boldsymbol{x}_i^k \cdot \omega^m) - b_m \geqslant 1 - \xi_i^k \tag{2.22}$$

其中，$k=1, \cdots, n$，$m \neq k$，$i=1, \cdots, l_k$。

为了求解上述问题，采用 Lagrange 乘子最优化技术将函数$f_k(\boldsymbol{x})$在支持向量上展开，有如下的表达式：

$$f_k(\boldsymbol{x}) = \sum_{m\neq k}\sum_{i=1}^{l_k}\alpha_i(k, m)(\boldsymbol{x} \cdot \boldsymbol{x}_i^k) - \sum_{m\neq k}\sum_{j=1}^{lm}\alpha_i(m, k)(\boldsymbol{x} \cdot \boldsymbol{x}_i^m) + b_k \tag{2.23}$$

函数$f_k(\boldsymbol{x})$展开式的系数$\alpha_i(k, m)$，$k=1, \cdots, n$，$m\neq k$，$i=1, \cdots, l_k$，$j=1, \cdots, l_m$需要最小化为如下的二次形式：

$$\begin{aligned} W(\alpha) = \sum_{k=1}^{n}\sum_{m\neq k}\Big[\sum_{i=1}^{l_k}\alpha_i(k, m) - \frac{1}{2}\sum_{m^*\neq k}\Big(\sum_{i, i=1}^{l_k}\alpha_i(k, m^*)\alpha_j(k, m)(x_i^k \cdot x_j^k) \\ + \sum_{i=1}^{l_m}\sum_{j=1}^{l_m^*}\alpha_i(m, k)\alpha_j(m^*, k)(x_i^m \cdot x_j^{m^*}) \\ - 2\sum_{i=1}^{l_k}\sum_{j=1}^{l_m}\alpha_i(k, m^*)\alpha_j(k, m)(x_i^k \cdot x_j^m)\Big)\Big] \end{aligned} \tag{2.24}$$

约束条件为

$$0 \leqslant \sum_{m\neq k}\alpha_i(k, m) \leqslant C \tag{2.25}$$

$$\sum_{m\neq k}\sum_{i=1}^{l_k}\alpha_i(k, m) = \sum_{m\neq k}\sum_{j=1}^{l_m}\alpha_j(m, k), \ k=1, \cdots, n$$

在上述推导过程中，为了构造支持向量机，只需在相应的公式中用核函数$K(\boldsymbol{x}_i^r \cdot \boldsymbol{x}_j^s)$代替内积$(\boldsymbol{x}_i^r \cdot \boldsymbol{x}_j^s)$即可。

2.3 支持向量回归机

2.3.1 SVM 回归问题

支持向量回归机(Support Vector Regression，SVR)的输出值是连续的。

原理和求解过程与支持向量分类机是相同的。同样可分为线性的和非线性的。其回归估计函数如下：

$$y = f(\boldsymbol{x}) = \langle \boldsymbol{w} \cdot \boldsymbol{x} \rangle + \boldsymbol{b} \tag{2.26}$$

需要最小化：

$$\frac{1}{2}\|\boldsymbol{w}\|^2 + CR_{\text{emp}}(f) \tag{2.27}$$

如果是非线性支持向量回归机，回归估计函数可以是：

(1) 二次函数：$R_{\text{emp}}(f) = (f-y)^2$ (2.28)

(2) Huber 函数：$R_{\text{emp}}(f) = \begin{cases} \frac{1}{2}(f-y)^2, & |f-y| < \varepsilon \\ \varepsilon|f-y| - \frac{\varepsilon^2}{2}, & \text{其他} \end{cases}$ (2.29)

(3) Laplace 函数：$R_{\text{emp}}(f) = |f-y|$ (2.30)

(4) ε-不敏感损失函数：$R_{\text{emp}}(f) = \begin{cases} 0, & |y-f| \leqslant \varepsilon \\ |y-f| - \varepsilon, & \text{其他} \end{cases}$ (2.31)

在实际应用中，ε-不敏感损失函数使用较多，所以接下来的讨论也针对其展开，其原理可用图 2.2 表示。

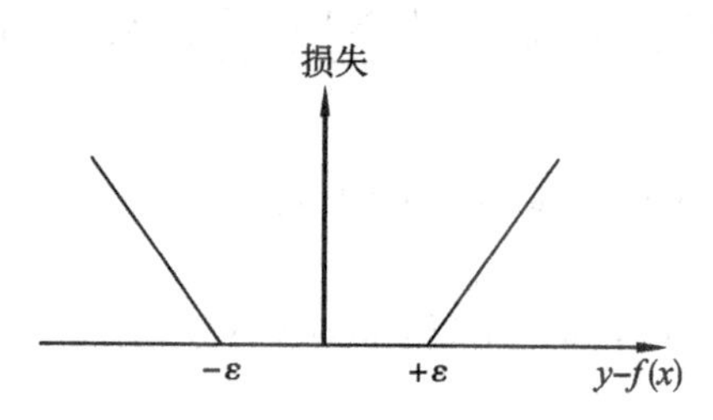

图 2.2 ε-不敏感损失函数

2.3.2 线性支持向量回归机

目标函数为：

$$\min \frac{1}{2}\|\boldsymbol{w}\|^2 + C\sum_{i=1}^{l}|y_i - f(x_i)|_\varepsilon \tag{2.32}$$

当 $|y_i - \langle \boldsymbol{w} \cdot x_i \rangle - \boldsymbol{b}| \leqslant \varepsilon$ 时，式(2.32)的后一项为 0，式(2.32)变成：

$$\min \frac{1}{2}\|\boldsymbol{w}\|^2 \tag{2.33}$$

约束条件为：$\begin{cases} \boldsymbol{y} - \langle \boldsymbol{w} \cdot \boldsymbol{x} \rangle - \boldsymbol{b} \leqslant \varepsilon \\ \langle \boldsymbol{w} \cdot \boldsymbol{x} \rangle + \boldsymbol{b} - \boldsymbol{y} \leqslant \boldsymbol{\varepsilon} \end{cases}$

并不是所有点都满足 $|y_i - \langle \boldsymbol{w} \cdot x_i > - \boldsymbol{b}| \leqslant \varepsilon$，所以必定存在误差 ξ。用两

个松弛变量 ξ_i 和 ξ_i^* 改写上式：

$$\min \frac{1}{2}\|\boldsymbol{w}\|^2 + C\sum_{i=1}^{l}(\xi_i + \xi_i^*) \tag{2.34}$$

约束条件为：

$$\begin{cases} \boldsymbol{y} - \langle \boldsymbol{w} \cdot \boldsymbol{x} \rangle - \boldsymbol{b} \leqslant \varepsilon + \xi_i \\ \langle \boldsymbol{w} \cdot \boldsymbol{x} \rangle + \boldsymbol{b} - \boldsymbol{y} \leqslant \varepsilon + \xi_i^* \end{cases} \tag{2.35}$$

线性回归示意图如图 2.3 所示。

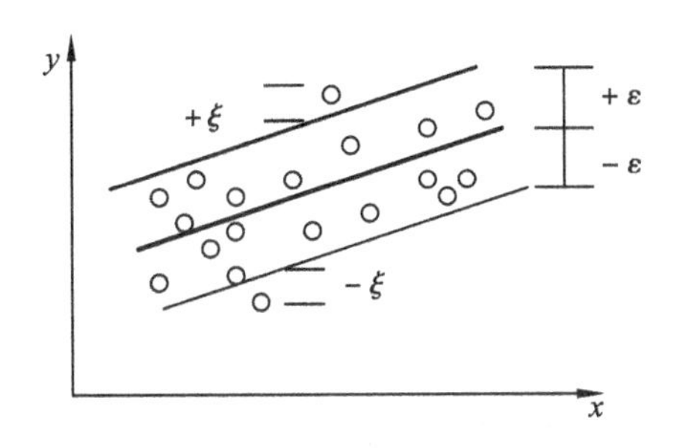

图 2.3　线性回归示意图

引入 Lagrange 乘子 α_i、α_i^*、η_i 和 η_i^*，建立 Lagrange 函数：

$$L = \frac{1}{2}\|\boldsymbol{w}\|^2 + C\sum_{i=1}^{l}(\xi_i + \xi_i^*) - \sum_{i=1}^{l}\alpha_i(\varepsilon + \xi_i - y_i + \langle \boldsymbol{w} \cdot x_i \rangle + \boldsymbol{b}) - \sum_{i=1}^{l}\alpha_i^*(\varepsilon + \xi_i^* + y_i - \langle \boldsymbol{w} \cdot x_i \rangle - \boldsymbol{b}) - \sum_{i=1}^{l}(\eta_i\xi_i + \eta_i^*\xi_i^*) \tag{2.36}$$

对 $\boldsymbol{w}$、$\boldsymbol{b}$、ξ_i 和 ξ_i^* 求偏导置零，可得到：

$$\begin{cases} \boldsymbol{w} = \sum_{i=1}^{l}(\alpha_i - \alpha_i^*)x_i \\ \sum_{i=1}^{l}(\alpha_i - \alpha_i^*) = 0 \\ C - \alpha_i - \eta_i = 0 \\ C - \alpha_i^* - \eta_i^* = 0 \end{cases} \tag{2.37}$$

原始问题的对偶问题为

$$\begin{cases} \min \frac{1}{2}\sum_{i,j=1}^{l}(\alpha_i^* - \alpha_i)(\alpha_j^* - \alpha_j)\langle x_i \cdot x_j \rangle + \varepsilon\sum_{i=1}^{l}(\alpha_i^* + \alpha_i) - \sum_{i=1}^{l}y_i(\alpha_i^* - \alpha_i) \\ \text{s.t.} \quad \sum_{i=1}^{l}(\alpha_i^* - \alpha_i) = 0,\ 0 \leqslant \alpha_i,\ \alpha_i^* \leqslant C \end{cases} \tag{2.38}$$

因此，决策回归方程为

$$\boldsymbol{y}(\boldsymbol{x}) = \sum_{i=1}^{l}(\alpha_i^* - \alpha_i)\langle x_i \cdot \boldsymbol{x}\rangle + b \tag{2.39}$$

2.3.3 非线性支持向量回归机

同样使用核函数来实现非线性回归问题，则式(2.27)的优化问题变为

$$\begin{aligned}\min \frac{1}{2}\sum_{i,j=1}^{l}(\alpha_i^* - \alpha_i)(\alpha_j^* - \alpha_j)K\langle x_i \cdot x_j\rangle \\ + \varepsilon\sum_{i=1}^{l}(\alpha_i^* + \alpha_i) - \sum_{i=1}^{l}y_i(\alpha_i^* - \alpha_i)\end{aligned} \tag{2.40}$$

其决策回归方程为

$$\boldsymbol{y}(\boldsymbol{x}) = \sum_{i=1}^{l}(\alpha_i^* - \alpha_i)K(x_i, \boldsymbol{x}) + \boldsymbol{b} \tag{2.41}$$

2.4 核函数

核函数的形式如下：

$$f(\boldsymbol{x}) = \sum_{i=1}^{l}w_i\phi_i(x) + \boldsymbol{b} \tag{2.42}$$

函数的内积为

$$f(\boldsymbol{x}) = \sum_{i=1}^{l}\alpha_i y_i\langle\phi(x_i)\cdot\phi(x)\rangle + \boldsymbol{b} \tag{2.43}$$

核函数 K 满足

$$K(\boldsymbol{x}, \boldsymbol{z}) = \langle\phi(\boldsymbol{x})\cdot\phi(\boldsymbol{z})\rangle \tag{2.44}$$

式中，X 为输入样本(测试样本)，X_i 为训练样本(即支持向量)，n 为训练样本的个数，ϕ 表示映射关系。

通过核函数可以实现下式的计算：

$$f(\boldsymbol{x}) = \sum_{i=1}^{n}\alpha_i y_i K(x_i, \boldsymbol{x}) + b \tag{2.45}$$

核函数的内积形式如下：

$$K(\boldsymbol{x}, \boldsymbol{z}) = \langle\boldsymbol{X}\cdot\boldsymbol{Z}\rangle$$

核函数的另一个重要概念是核矩阵(Gram 矩阵)：对于给定的训练样本，l 是样本长度，核矩阵是一个 $1 * 1$ 的矩阵 $\boldsymbol{G}$。矩阵中各元素为

$$G_{i,j} = \langle\phi(x_i), \phi(x_j)\rangle = k(x_i, x_j)$$

则矩阵 $\boldsymbol{G}$ 可写为

$$G=\begin{bmatrix} k(x_1, x_1) & k(x_1, x_2) & \cdots & k(x_1, x_l) \\ k(x_2, x_1) & k(x_2, x_2) & \cdots & k(x_1, x_l) \\ \vdots & \vdots & & \vdots \\ k(x_l, x_1) & k(x_l, x_2) & \cdots & k(x_l, x_l) \end{bmatrix}$$

像上面这样的矩阵为半正定矩阵。我们也把满足这样条件的核函数叫做 Mercer 核。对称函数不一定就是核函数，但核函数肯定是对称函数。如果一个对称函数所对应的矩阵是半正定性质，则可判断出该对称函数是核函数。核函数还有其他一些性质，只有掌握了它的这些特性，在实际应用中，才能重新构造，找出满足要求的核函数。

可以引入权重 λ_i，即

$$\langle \phi(\boldsymbol{x}), \phi(\boldsymbol{z}) \rangle = \sum_{i=1}^{\infty} \lambda_i \varphi_i(\boldsymbol{x}) \varphi_i(\boldsymbol{z}) = k(\boldsymbol{x}, \boldsymbol{z}) \tag{2.46}$$

其中，$\phi(\boldsymbol{x})=(\phi_1(\boldsymbol{x}), \phi_2(\boldsymbol{x}), \cdots, \phi_l(\boldsymbol{x}))^{\mathrm{T}}$，$k(\boldsymbol{x}, \boldsymbol{z})$定义为

$$k(\boldsymbol{x}, \boldsymbol{z}) = \sum_{i=1}^{\infty} \lambda_i \phi_i(x) \phi_i(z)$$

其中 $\lambda_i \geqslant 0$。$F \supseteq \phi(x)$，$k(\boldsymbol{x}, \boldsymbol{z})$代表内积，$F$ 由下式组成：

$$\boldsymbol{\psi}=(\psi_1, \psi_2, \cdots, \psi_i, \cdots)$$

其中

$$\sum_{i=1}^{\infty} \lambda_i \Psi_i^2 < \infty$$

函数 $f(\boldsymbol{x})$的表达式如下：

$$f(\boldsymbol{x}) = \sum_{i=1}^{\infty} \lambda_i \psi_i \phi_i(\boldsymbol{x}) + \boldsymbol{b} = \sum_{i=1}^{l} \alpha_i y_i k(\boldsymbol{x}, x_i) + \boldsymbol{b} \tag{2.47}$$

它们的关系由下式给出：

$$\psi = \sum_{i=1}^{l} \alpha_i y_i (\varphi(x_i)) \tag{2.48}$$

Mercer 定理：对于一个给定的 k：$X \times X \to \mathbf{R}$ 若满足：

$$\int_{X \times X} k(\boldsymbol{x}, \boldsymbol{z}) f(\boldsymbol{x}) f(\boldsymbol{z}) \mathrm{d}\boldsymbol{x} \, \mathrm{d}\boldsymbol{z} \geqslant 0, \ \forall f \in l_2(X) \tag{2.49}$$

则函数 K 必为核函数。

或对于 X 的任意的有限子集$\{x_1, x_2, \cdots, x_l\}$，矩阵

$$K = (k(x_i, x_j))_{i, j=1}^{l}$$

半正定。

满足条件的核函数有很多，主要有：

(1) 多项式核。多项式核的一般形式为

$$k(\boldsymbol{x}, \boldsymbol{z}) = (\langle \boldsymbol{x}, \boldsymbol{z} \rangle + c)^d,\ d \in Z^+,\ c \geqslant 0 \tag{2.50}$$

根据 d 和 c 参数的变化，多项式核也有以下变形形式：

线性核：

$$k(\boldsymbol{x}, \boldsymbol{z}) = \langle \boldsymbol{x}, \boldsymbol{z} \rangle,\ \text{即}\ d=1,\ c=0; \tag{2.51}$$

齐次多项式核：

$$k(\boldsymbol{x}, \boldsymbol{z}) = \langle \boldsymbol{x}, \boldsymbol{z} \rangle^d,\ \text{即}\ d \in Z^+,\ c=0 \tag{2.52}$$

齐次多项式核：

$$k(\boldsymbol{x}, \boldsymbol{z}) = (\langle \boldsymbol{x}, \boldsymbol{z} \rangle + c)^d,\ \text{即}\ d \in Z^+,\ c>0 \tag{2.53}$$

(2) Gaussian 核。

$$k(\boldsymbol{x}, \boldsymbol{z}) = \exp\left(-\frac{\| \boldsymbol{x} - \boldsymbol{z} \|^2}{2\sigma^2}\right),\ \sigma > 0 \tag{2.54}$$

Gaussian 核函数组成了径向基函数（Radial Basis Function，RBF）的隐藏单位，所以利用这个核就意味着学习的假设空间是径向基函数网络，因此它也被称为 RBF 核。Gaussian 核是用得最广泛的核函数，参数控制核的灵活性。

(3) 指数型径向基核。

$$k(\boldsymbol{x}, \boldsymbol{z}) = \exp\left(-\frac{\| \boldsymbol{x} - \boldsymbol{z} \|}{2\sigma^2}\right),\ \sigma > 0 \tag{2.55}$$

(4) B-样条核。

① 有限个节点的 B-样条核。设给定一维空间上的节点集合 $\{t_1, t_2, \cdots, t_l\} \subset \mathbf{R}$，则B-样条核为

$$k_1(\boldsymbol{x}, \boldsymbol{z}) = k_1(\boldsymbol{x}, \boldsymbol{z}; t_1, \cdots, t_m) = \sum_{i=1}^{m} (\boldsymbol{x} - t_i)_+^p (\boldsymbol{z} - t_i)_+^p,\ \forall \boldsymbol{x}, \boldsymbol{z} \in \mathbf{R} \tag{2.56}$$

其中

$$\boldsymbol{x}_+^p = \begin{cases} \boldsymbol{x}^p & \boldsymbol{x} > 0 \\ 0 & \boldsymbol{x} \leqslant 0 \end{cases}$$

下面给出多维样表核的计算方法。假设 $\{t_1, t_2, \cdots, t_l\} \subset \mathbf{R}$，数据的维数记为 n，并记 $\boldsymbol{t}_i = (t_{i1}, t_{i2}, \cdots, t_{il})^{\mathrm{T}}$，$\boldsymbol{x} = (x_1, x_2, \cdots, x_n)^{\mathrm{T}}$，$\boldsymbol{z} = (z_1, z_2, \cdots, z_n)^{\mathrm{T}}$，则多维 B-样条核定义为

$$k(\boldsymbol{x}, \boldsymbol{z}) = k(\boldsymbol{x}, \boldsymbol{z}; t_1, \cdots, t_l) = \prod_{i=1}^{n} k_1(x_i, z_i; t_{1i}, \cdots, t_{li}),\ \forall \boldsymbol{x}, \boldsymbol{z} \in \mathbf{R}^n \tag{2.57}$$

② 无穷个节点的 B-样条核。先计算出它的一维 p 阶样条核，然后可以通过 $B_0(\boldsymbol{x})$ 求出，$B_0(\boldsymbol{x})$ 的取值为

$$B_0(\boldsymbol{x}) = \begin{cases} 0 & |\boldsymbol{x}| > 1/2 \\ 1/2 & |\boldsymbol{x}| = 1/2 \\ 1 & |\boldsymbol{x}| < 1/2 \end{cases} \tag{2.58}$$

其一维 p 阶的形式如下：

$$k_1(\boldsymbol{x}, \boldsymbol{z}) = B_{2p+1}(\boldsymbol{x} - \boldsymbol{z}), \ \forall \boldsymbol{x}, \boldsymbol{z} \in \mathbf{R} \tag{2.59}$$

其中，$B_{2p+1}(\boldsymbol{x})$是 $2p+1$ 阶 B-样条函数，是通过下式的卷积求出的：

$$B_{2p+1}(\boldsymbol{x}) = \bigotimes_{i=1}^{2p+1} B_0 \tag{2.60}$$

这里$\otimes$是卷积运算。记 $\boldsymbol{x}=(x_1, x_2, \cdots, x_n)^{\mathrm{T}}$，$\boldsymbol{z}=(z_1, z_2, \cdots, z_n)^{\mathrm{T}}$，则无穷个节点的 n 维 p 阶 B-样条核定义：

$$k(\boldsymbol{x}, \boldsymbol{z}) = \prod_{i=1}^{n} k_1(x_i, z_i) = \prod_{i=1}^{n} B_{2p+1}(x_i - z_i), \ \forall \boldsymbol{x}, \boldsymbol{z} \in \mathbf{R}^n \tag{2.61}$$

(5) 傅立叶核。

主要有两种不同的形式，一种为

$$k_1(\boldsymbol{x}, \boldsymbol{z}) = \frac{1 - q^2}{2(1 - 2q\cos(\boldsymbol{x} - \boldsymbol{z}) + q^2)}, \ \forall \boldsymbol{x}, \boldsymbol{z} \in \mathbf{R} \tag{2.62}$$

k_1的维数为 1。

下面是它的另外一种形式：

$$k_1(\boldsymbol{x}, \boldsymbol{z}) = \frac{\pi}{2\gamma} \frac{\cosh\left(\frac{\pi - |\boldsymbol{x} - \boldsymbol{z}|}{\gamma}\right)}{\sinh\left(\frac{\pi}{\gamma}\right)}, \ \forall \boldsymbol{x}, \boldsymbol{z} \in R, \ 0 \leqslant |\boldsymbol{x} - z| \leqslant 2\pi \tag{2.63}$$

其中 γ 是常数。

以上都为 1 维的傅里叶核函数，其多维形式均可以由 1 维得出。记 $\boldsymbol{x}=(x_1, x_2, \cdots, x_n)^{\mathrm{T}}$，$\boldsymbol{z}=(z_1, z_2, \cdots, z_n)^{\mathrm{T}}$，那么多维的形式如下：

$$k(\boldsymbol{x}, \boldsymbol{z}) = \prod_{i=1}^{n} k_i(x_i, z_i), \quad \forall \boldsymbol{x}, \boldsymbol{z} \in \mathbf{R}^n \tag{2.64}$$

第3章　煤矿安全及支持向量机研究现状

3.1　研究背景及意义

3.1.1　研究背景

煤炭是我国的主体能源，煤炭工业是关系国家经济命脉的重要基础产业。在我国能源生产和消费结构中，煤炭一直占到70%左右。煤炭年产量2000年为9.99亿吨、2001年为11.06亿吨、2002年为14.15亿吨，2003年为17.28亿吨、2005年为21.51亿吨，2006年为23.32亿吨，2008年为27.16亿吨，2009年为30.5亿吨，2010年为34.13亿吨，2011年为35.2亿吨。可见，煤炭产量在短短的十年间增长了3倍多，保证了经济和社会发展的需要。煤炭工业支撑着国民经济的快速发展，2000年到2011年煤炭产量变化趋势图如图3.1所示。

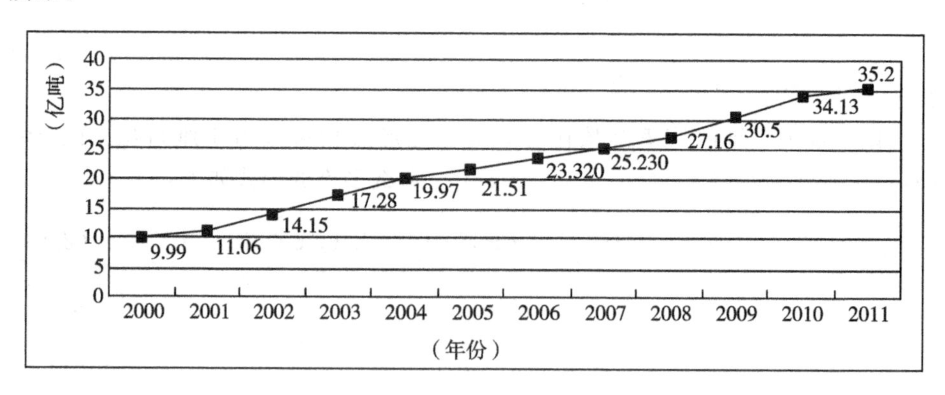

图3.1　2000—2011年煤炭总产量变化趋势

煤炭行业是我国伤亡事故最严重的行业，根据相关资料统计，从1991年到2010年，煤炭总产量增加到347.23亿吨，但全国煤炭企业死亡人数之和是108697人，煤矿百万吨死亡率的年平均值达到3.39。2004年煤炭总产量是19.6亿吨，全世界煤炭产量共计约56亿吨，我国的煤炭产量占全世界的三分之一以上，但我国的安全事故防范技术和理念均不如西方发达国家，我国煤炭死亡人数是西方发达国家煤炭死亡总人数的 4 倍。伴随着中国煤炭产量的迅速增长，从业人员的大量伤亡必将严重影响社会安定。近年来我国煤矿安全生产情况如图 3.2 所示，死亡人数统计如表 3.1 所示。

表 3.1　2000—2011 年煤矿事故死亡人数统计

年份	产量（亿吨）	死亡人数	事故起数	3～9 人重大事故起数	3～9 人死亡人数	10 以上事故起数	10 以上死亡人数
2000	9.99	5798	2722	466	3188	75	1405
2001	11.06	5670	3082	385	2602	49	1015
2002	14.15	6995	4344	377	2590	56	1167
2003	17.28	6431	4143	337	2318	51	1061
2004	19.97	6027	3641	289	2093	42	1008
2005	21.51	5938	3306	258	2625	58	1739
2006	23.320	4746	2945	276	1816	39	744
2007	25.230	3786	2421	247	1645	35	718
2008	27.16	3215	1954	210	886	24	346
2009	30.5	2631	1616	106	475	16	217
2010	34.13	2594	1439	126	583	27	603
2011	35.2	1973	1201	85	412	21	350

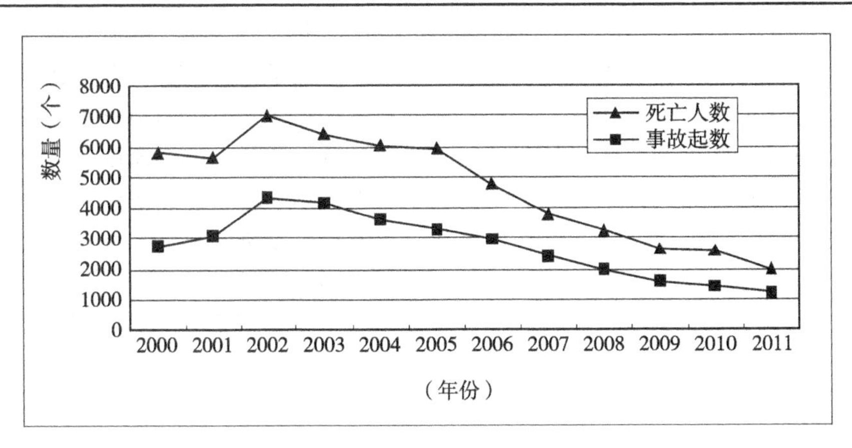

图 3.2　2000—2011 年我国煤矿安全情况

近几年煤矿事故、死亡人数和煤矿百万吨死亡率正朝着好的方向发展。近年来的统计数据分别为 5.800、5.070、4.942、3.720、3.081、2.760、2.041、1.485、1.182、0.892、0.749，如图 3.3 所示。从统计数据可以看出，煤矿安全生产形势有所好转，煤矿百万吨死亡率基本处于稳步下降阶段。

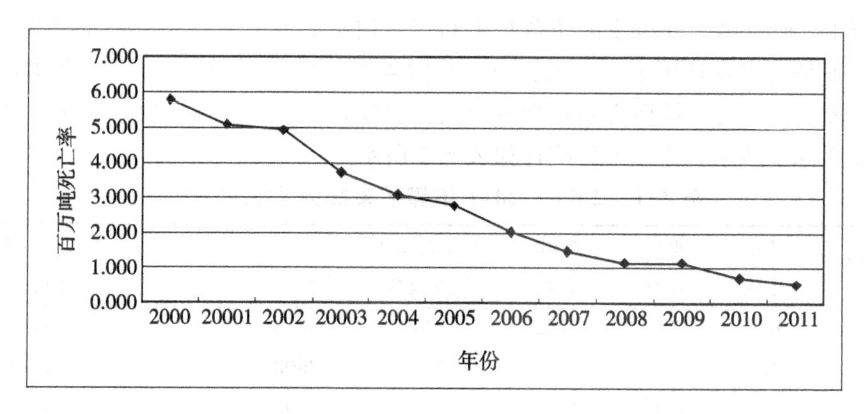

图 3.3　2000—2011 年全国煤矿百万吨死亡率

20 世纪 70 年代以来，世界主要产煤国家的煤矿安全状况都有了很大改善。目前，澳大利亚、南非、英国等国家基本消灭了重大事故，特别是英国和澳大利亚已实现“零死亡”。进入 21 世纪，英国 2000—2005 年每年的事故死亡人数为零。澳大利亚在 1970—1995 年期间全国发生 10 人以上的矿难 6 起，共死亡 81 人。2000 年以后，全国很少发生重大矿难。到 2005 年，澳大利亚全国煤矿已经实现“零死亡”。2009 年美国煤矿死亡人数为 18 人，创历史新低。南非煤矿事故死亡人数从 1997 年的 40 人下降到 2007 年的 15 人，下降了62.5%。1999 年以来，国外很少出现一次死亡 30 人以上的重特大死亡事故，据统计共发生 17 起，造成 932 人死亡，其中乌克兰 6 起、俄罗斯 4 起、哈萨克斯坦和哥伦比亚各 2 起、印度、印度尼西亚和土耳其各 1 起。除乌克兰外，其他国家的煤矿百万吨死亡率均呈现下降趋势。2007 年这 6 个国家的煤炭百万吨死亡率由低到高依次是：澳大利亚 0、美国0.033、南非 0.06、波兰 0.11、印度 0.0156、俄罗斯 0.77 和乌克兰 4.14。这些国家的煤矿安全状况如表 3.2 所示。

表 3.2　世界主要产煤国家煤矿安全状况

年份	美国		印度		南非		俄罗斯		波兰		澳大利亚	
	死亡人数	死亡率	死亡人数	死亡率	死亡人数	死亡率	死亡人数	死亡率	死亡人数	死亡率	死亡人数	死亡率
2000	38	0.039	144	0.43	31	0.14	170	0.67	28	0.17	5	0.016
2001	42	0.04	141	0.41	19	0.08	132	0.5	24	0.14	2	0.006
2002	27	0.027	97	0.27	20	0.09	85	0.35	33	0.21	0	0
2003	30	0.03	113	0.3	22	0.09	100	0.37	28	0.17	3	0.008
2004	28	0.028	99	0.24	20	0.08	153	0.54	10	0.06	0	0
2005	23	0.02	116	0.25	16	0.07	125	0.42	15	0.09	2	0.005

续表

年份	美国		印度		南非		俄罗斯		波兰		澳大利亚	
	死亡人数	死亡率	死亡人数	死亡率	死亡人数	死亡率	死亡人数	死亡率	死亡人数	死亡率	死亡人数	死亡率
2006	47	0.044	137	0.28	19	0.07	85	0.27	45	0.29	3	0.007
2007	34	0.033	75	0.156	13	0.05	243	0.77	16	0.11	0	0
2008	30	0.028	80	0.154	20	0.08	62	0.19	24	0.17	4	0.009
2009	18	0.018			18	0.07			36	0.26	0	0
2010					13							

2000 年以来，尽管有的国家在某些年份的死亡人数有所上升，但总体呈下降趋势。各国煤矿事故死亡人数基本保持稳定，并略有下降。世界主要产煤国家煤矿死亡人数变化趋势如图 3.4 所示，百万吨死亡率如图 3.5 所示。

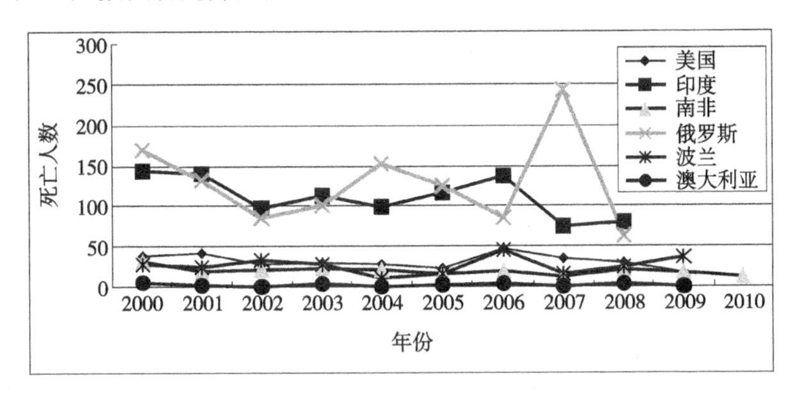

图 3.4　世界主要产煤国家煤矿死亡人数

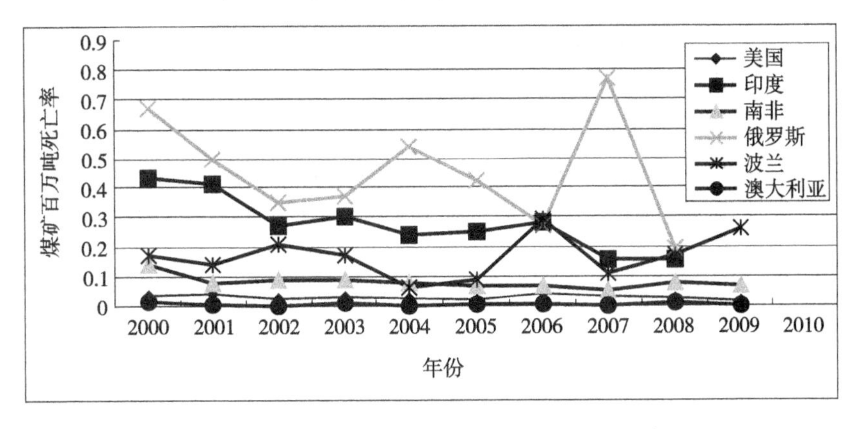

图 3.5　世界主要产煤国家煤矿百万吨死亡率

"十一五"期间，国家制定了关于加强安全生产的五年奋斗目标：到2010年，基本形成较为完善的保障安全生产的各级体系，建立一个完备的安全生产管理体系；另外明确提出对安全生产事故数量进行大力控制，对很多行业的安全事故总量的下降幅度都提出了具体的要求，其中煤矿百万吨死亡率要实现25%的下降幅度。为了实现这一总体目标，国家采取了一系列安全生产措施，也制定了相应的安全生产制度，各级政府和煤矿企业通过认真贯彻关于加强煤矿安全生产工作的重要部署和指示精神，使煤矿安全生产形式趋于稳定，重特大事故有所下降，但安全管理仍需加强。2010年与2005年相比，煤矿事故死亡人数由5938人减少到2433人，下降59%；重特大事故起数由58起减少到24起，下降58.6%；煤矿百万吨死亡率由2.811下降到0.749，下降73%。

我国近年来的事故和伤亡人数数据统计显示，我国在煤矿安全方面形势趋于好转，但是，和西方发达采煤国家相比却不容客观，还存在着很大的差距。我国的重特大事故虽然有所控制，但伤亡仍很惨重，西方采煤国家基本杜绝了煤矿重特大事故的发生，而且煤矿百万吨死亡率也非常低，基本接近于零。我国煤矿的百万吨死亡率远远高于西方国家。

安监总局统计司司长支同祥在2006年做了《充分认识新形势下调度统计重要内涵发挥安全生产调度统计的功能和作用》的重要讲话，其中提到要构建安全生产指标体系平台，在原来指标体系的基础上，构建更合理、科学的考核指标。指标体系应该能够反映出问题的各个方面，既能反映出总体性，又能反映出局部性，相对指标和绝对指标相结合。科学的分解算法也是构建安全控制考核指标的核心和关键所在。另外还强调构建安全生产综合评价指标体系，对各个行业以及各个地区的安全状况进行评价。支同祥还曾在云南省调度统计培训班上特别强调，一定要把安全生产的分析预测提高到一定高度。不仅要把握好现在的安全生产状况，同时要尤其注重对将来安全趋势的把握，从安全事故中找出典型，找出较难解决的问题，找出最容易发生事故的问题。从这些问题中总结规律，分析问题将来的发展方向，总结每个时期、每个阶段较易发生的问题，在对过去事故统计分析的基础上，对将来的安全形势进行定量和定性预测。用于及时做好安全防范、安全预警等工作，为国家、各政府部门和企业的安全生产提供保障。

3.1.2 研究意义

由于目前我国煤矿的总体生产水平、技术进步及管理手段等方面均与世界先进水平有较大差距，并且随着煤炭开采强度的加剧和采掘深度的不断加深，煤矿地质条件越来越复杂，煤矿安全生产条件将进一步恶化。近几年，国家也制定了一系列的法律法规文件，例如 2004 年，制定了《国务院关于进一步加强安全生产工作的决定》。国务院还对煤矿安全检查管理部门机构做出了重大调整，成立了国家煤矿安全监察局，由它专门对全国煤矿安全进行统一管理。成立了国务院安全委员会，负责制订安全生产控制考核指标体系。从 2004 年起，国家向各省(区、市)人民政府下达年度安全生产各项控制指标，并进行跟踪检查和监督考核。对各省(区、市)安全生产控制指标完成情况，国家安全生产监督管理部门将通过新闻发布会、政府公告、简报等形式，每季度公布一次。对安全生产控制指标层层分解到各级政府和相关部门，促进各级安全生产责任制的落实。

自从安全生产控制指标实施以来，全国的安全生产形势逐步好转。王德学在 2011 年全国安全生产控制指标汇报会上，汇报了过去一年全国安全生产总体情况。和以前相比，事故总数和死亡人数都得到了有效控制，其中安全生产指标对其发挥了很大的作用。在接下来的“十二五”中，提出仍然要在原来的基础上更好地发挥安全生产控制指标的作用。另外他还提出，控制指标一定要层层下发、分解到省、市、企业。并且要对分解的指标的完成情况进行考核，建立相应的考核制度，使指标体系真正的发挥最大作用。自从提出了安全生产控制指标体系，近年来，在各方面的共同努力下，全国的安全生产状况得到明显改善。

2004 年国家下达的年度安全生产各项控制指标中，相对指标有四项，其中涉及煤矿占一项，即煤矿百万吨死亡率。本书以煤矿百万吨死亡率为研究对象，建立合理科学的煤矿百万吨死亡率指标体系，在对几种常用的预测理论和方法进行分析和比较研究的基础上，选取煤矿百万吨死亡率适用的预测理论和方法，这样不仅为发展和完善我国安全生产的科学定量提供了现代、有效的方法技术，也为政府、行业或企业的安全生产提供了科学依据。最终提高我国的安全生产保障水平，促进我国经济与安全生产共同发展。具体表现在以下几个方面：

(1) 全面整理、分析我国煤矿相关统计数据，分析对比各种常用预测方法，选取煤矿控制指标预测方法。

由于煤矿安全生产指标制定并开始执行的时间较短，涉及对全国及各省市的煤矿总体指标进行预测的研究较少。因此，本书期望通过各种预测方法分析对比，优选适用于煤矿百万吨死亡率的预测理论方法，建立预测数学模型，对煤矿安全生产控制指标下达的准确性有所突破。

(2) 建立煤矿安全生产发展趋势科学预测方法。

本书在煤矿百万吨死亡率初选指标体系的基础上，通过建立数学模型，对煤矿百万吨死亡率未来一定时期进行科学预测。一方面为国家制定煤矿安全生产发展战略目标提供理论依据，对煤矿安全生产控制指标的确定提供参考标准；另一方面有助于对各个地区煤矿安全系统整体形势有一个全面和正确的认识，通过采取正确的应对措施，提高我国的煤矿安全生产和安全保障水平，促进我国煤矿安全生产的可持续发展。

（3）实现煤矿安全生产理论研究的方法和手段创新。

对煤矿百万吨死亡率进行研究，把灰色系统理论和机器学习理论引入我国煤矿安全生产的理论研究领域，实现安全生产定量分析方法和手段创新，提高安全生产管理决策中的科学性和可靠性，以此来推动我国安全生产理论的研究与实践。

（4）为国家生产控制指标下达提供依据。

安全生产控制指标体系是国家减少安全生产事故的有效手段，国家制定总的控制指标和各个地区的控制指标，逐级下达，促进各级安全生产责任制的落实。本书通过对相应的预测方法的研究，对全国及各产煤行政区域的煤矿百万吨死亡率进行科学、准确的预测，为国家煤矿百万吨死亡率指标下达提供决策依据。

3.2 国内外研究现状

3.2.1 煤矿事故预测模型研究现状

预测学的发展历史久远。传统预测学有五千多年的历史，是集阴阳、五行、周易、八卦、奇门遁甲等于一体的、以推测已知或未知的事件为目的的一门学科。现代预测学研究无所不在的不确定性，以控制随机性、减少无知的程度为目标，通过建立数学模型，对未来事件进行预测。

20 世纪 90 年代以来，预测决策理论和方法渐渐被引入到了工业安全领域，用以科学指导安全生产，并取得了一定成效。随着现代数学方法和计算机技术的发展，国际上安全评价分析以及预测决策实施得到了广泛应用，如模糊故障树分析预测、模糊概率分析、模糊灰色预测决策等。利用计算机专家系统、决策支持系统、人工神经网络等现代数学方法和计算机技术，为安全分析评价预测决策实施开拓了一个更广阔的应用前程，这些技术和方法在英国、美国、德国、意大利等国的核工业、化工、环境等领域得到了广泛应用。以安全分析、隐患评价、事故预测决策为主体的安全评价工作作为一种产业在国际上已经出现。

现阶段，预测技术在矿业中的应用主要是针对矿山安全生产。对某一事故指标，通过评价方法和预测理论模型进行安全预测分析，处于初步发展阶段，尚无较为系统、全面的安全事故预测与分析评价模型。由于煤矿系统的复杂性和关联性，预测技术还不尽成熟，甚至由于数据运算的误差或模型适用性等原因，出现预测精度较低甚至偏离其原有的发展方向。伴随着科学技术的快速发展，计算机科学技术和数学方法也随之飞速发展。其中，以数学为基础的预测方法也广泛地应用于矿业中，并在一定程度上完善了已有的技术方法。数学方法在煤矿事故文献中的应用越来越多，预测技术逐渐成熟并成功应用于各个领域，国内学者对矿业安全事故系统预测进行了大量研究。

1999 年黄雨生等人借助于灰色理论，分析了煤矿井下涌水量的规律特征，建立了灰色灾变时间预测模型，较精确地预测了煤矿井下涌水量。

2001 年杨瑞波等人在原来灰色预测模型的基础上进行改进，建立残差修正 GM(1，1)预测模型，利用改进后的模型对我国煤矿 2009 年的煤矿事故进行预测分析。

2002 年徐精彩等人在分析了各种预测算法后，采用了比较适合应用环境的神经网络预测方法，结合实例数据实现了对煤自燃极限参数的预测。

2003 年扬中等人在煤矿事故样本有限的情况下，通过灰色关联分析后，建立灰色预测模型，然后对煤矿事故进行预测。

2004 年吕海燕通过对各种常用预测方法进行分析，并综合考虑安全事故的特点、宏观定量指标分析的规律、安全事故数据量的有限性、离散性强和非线性等各种因素，最终建立了布朗三次指数平滑预测模型和灰色预测模型的组合预测模型，结合近几十年来的事故数据，实现对煤矿事故的预测研究。

2005 年刘铁民等人通过对我国工伤事故数据的分析，建立了基于 ARMA 的模型，实现了对我国工伤事故死亡率的精确预测。

2006 年吕品等利用灰色马尔可夫模型，对煤矿千人负伤率进行预测。

2006 年张林华在煤矿事故死亡人数灰色预测的基础上引入马尔可夫链预测理论，建立了煤矿事故灰色马尔可夫预测模型，该模型兼有灰色预测和马尔可夫预测的优点，不仅提高了波动性较大的随机变量的预测精度，同时还拓宽了灰色预测的应用范围。

2006 年俞树荣等分析了 BP 神经网络模型的优点，采用现有数据，对样本数据进行训练，建立预测模型，对我国工伤事故死亡率进行预测。

2009 年孙忠林论文对各种常用的预测模型进行了分析研究，讨论了预测模型在煤矿安全生产预测中的应用方式，在参数数量不同的情况下，统一使用回归预测方法对煤矿安全生产预测模型进行了研究。

2009年聂小芳等利用粗糙集结合支持向量机模型对煤与瓦斯事故进行预测。

2009年胡双启、李勇针对煤矿事故的特点，根据我国1998—2007年煤矿事故数据，将灰色预测模型GM(1，1)与Elman神经网络预测模型相结合，建立煤矿事故预测模型。

2009年张小兵、张瑞新为了对煤矿安全状况进行宏观预测，提出区域性煤矿安全状况评价指标体系，并建立了以煤矿百万吨死亡率指标标征区域性煤矿安全状况的灰色预测模型。在对煤矿综合机械化采煤率、大型煤矿产量比例、原煤全员效率指标预测分析的基础上，利用多元回归法综合预测煤矿百万吨死亡率。

2011年金珠采用支持向量机分类方法对煤矿中的人因事故进行评价预测。

煤矿安全生产中的预测技术分为参数预测和安全度(安全状态)预测。参数预测技术中，对较大样本的煤炭生产行业中长期宏观事故指标，如整个行业或大型煤矿企业的事故千人伤亡率、事故经济损失、事故频率等与时间序列相关的事故指标进行预测。从上述研究可以发现，近年来，对参数的预测考虑事故变化趋势属于非平稳的随机过程，常用具有原始数据需求量小、对分布规律性要求不严、预测精度较高等优点的模糊灰色预测模型，同时考虑到减小预测误差的要求，将其与时间序列自相关预测模型相结合，或是跟其他预测模型相结合；对安全度的预测方法主要有神经网络、支持向量机和模式识别等。

3.2.2 支持向量机研究现状

我国早在20世纪末就已经逐渐开始统计学习方面的相关研究，但当时只是刚刚起步，并没有引起广泛关注，直到1999年，国内首次出现了研究支持向量机的论文，张铃教授提出了自己的观点。从此，国内对支持向量机的研究发展得很快，特别是Vapnik的著作和统计学习理论中文版的相继出现，把支持向量机的研究推向一定的高度。目前对支持向量机方法的研究进展主要包括以下三个方面。

1) 核函数的研究

核函数是支持向量机研究的主要内容，支持向量分类机和支持向量回归机中的模型都涉及到核函数的选取。虽然已经证明，核函数必须满足一定条件，但满足条件的函数很多，选择不同的核函数对模型的性能影响是不同的，所以，目前对核函数的构造和选择优化问题的研究较多。

2) 支持向量机算法的研究

对支持向量机的优化求解算法进一步研究，使其适合于各种规模的样本集，是支持向量机算法研究的主要内容之一。如Vapnik和Cortes给出的一种求解支持向量机分块算法，其思路是SVM的最终求解结果仅与支持向量有关(对应的Lagrange乘子不为0)，而不受非支持向量的影响(对应的Lagrange乘子等于0)，故可以将其去除。Osuna提出的分解算法与分块算法的不同之处在于其工作集的大小保持不变，从而大大降低对内存的要求。还有序列最小优化法，其中以Platt提出的序列最小优化法的应用最为普遍。该方法主要包括两个方面：一是求解具有两个Lagrange乘子的优化问题，二是如何选择待优化的两个Lagrange乘子。

3) 支持向量机的应用研究

除了支持向量机的理论研究之外，目前，支持向量机在很多领域的应用方面也有出色的表现，在安全状态评估、故障诊断、预测、物体识别等方面都有其应用。

邬啸等采用全局和局部相结合、不同核函数相结合的思想，提出基于混合核函数的支持向量机，研究了两种支持向量机核函数：线性核函数和RBF核函数，提出了组合核函数的支持向量机。

陈军等分析了现代城市交通具有流量大、难统一、动态性等特点，并对一定范围的交通流数据进行统计，对短期的交通流进行预测。选择了几种预测模型和支持向量机预测模型相比较，结果表明，针对交通流这一实际应用，采用支持向量机模型可以得到更好的预测效果。

耿睿等分析我国空中交通流的特点和支持向量机预测模型的理论基础及适用性，最终确定选用基于结构风险最小化的支持向量机模型，建立了基于SVM的自回归预测模型，讨论了模型参数确定等关键问题，通过实例分析，可以大大提高空中交通流大小预测的准确性。

传统预测适用于负荷短期预测，宋晓华等针对负荷预测的特点，提出采用支持向量机预测模型对中长期负荷值进行预测，采用蛙跳算法(Shuffled Frog Leaping Algorithm，SFLA)对传统支持向量机模型进行改进优化。最后，结合中国能源消费总量数据，采用基于蛙跳算法的支持向量机预测模型进行预测。

张玉等分析了我国税收数据的特点及税收预测的重要性，提出了实际应用中使用的支持向量机预测模型。考虑到支持向量机在解决问题时的局限性，预测模型首先对原始样本数据进行预处理，提高支持向量机模型的性能，从而保证我国税收数据预测的准确性。

通过上述对事故预测、支持向量机国内外研究现状分析，可以看出，在过去的短短几十年里，国内外学者、专家对预测技术进行了大量研究，在原来的基础上不断改进、完善。近些年，支持向量机的研究成果也在各个领域都得到了体现。国家和企业对煤矿安全生产非常重视，出现了很多关于煤矿事故方面的分析和预测。但是，由于矿业系统自身的特点决定了不可能找到一个通用的预测模型，而且研究多集中在某矿业安全事故系统预测，很少立足于全国及各产煤行政区域的控制指标的预测上，所以还有以下几个方面需要进一步完善。

（1）没有完善、统一的矿业安全事故统计制度作支撑，导致统计数据不完整。因此，被用于预测的安全事故数据本身就不确定和不完备，很难对煤矿安全指标进行预测。

（2）矿业系统是一个错综复杂的庞大的系统，具有不固定、瞬息多变、稳定性得不到保障等特点，对安全状态进行预测非常困难。如何对这个复杂系统准确建立合理的预测指标体系成为预测模型要解决的首要问题。

（3）针对煤矿系统建立的预测模型也不是固定不变的，随着系统的变化，为了不影响预测结果，各个影响指标可能也要相应地调整，逐步修正现有预测模型。

（4）目前，虽然出现了很多的预测技术和预测算法，但结合我国煤矿安全的实际情况，如何较准确的预测全国及各产煤行政区域的煤矿安全控制指标仍然没有得到较好的解决。

SVM 在理论研究和实际应用中取得了许多成果，但支持向量机毕竟是新兴的算法，需要进一步的完善，主要存在以下问题：

1）核函数问题

学习机器的类型和复杂程度取决于核函数的构造形式及核参数。由于没有统一的规则明确该如何确定，现在大量的研究都围绕核函数展开。所以，对于一个给定的应用环境，核函数的构造和核参数的选取方法和技术是将来支持向量机研究的主要课题。

2）SVM 的参数选择问题

支持向量机的参数也是影响支持向量机性能的重要因素之一。为保证学习机器具有最佳推广能力，除选择合适的核函数之外，还需要选择合适的模型参数。确定核函数之后，模型参数的调整与确定成为支持向量机的重要内容。

3.3 常用预测模型

预测是一种对未来提前预知的技术，是人类了解、掌握系统运行规律并作出适当措施的能力。预测的前提除了准备好数据样本之外，最重要的是建立科学、合理、能反映系统规律和特征的预测模型。现在国内外预测技术已经发展到一定程度，出现了各种预测方法和预测技术，但每种技术都有其优势和劣势，在实际应用中，根据应用环境和数据样本性质等诸多因素综合考虑，选择一种适用的模型，这样才会给准确预测提供可能。目前，在各个领域中，常见的预测模型主要有以下几种。

3.3.1 时间序列模型

时间序列预测模型是把已知的历史数据按照一定的时间间隔进行排序，根据这些时间序列的数据建立模型，对未来的未知事件进行预测。该模型有几种不同的形式，主要有：

1）自回归模型

时间序列预测模型可以用式(3.1)表示：

$$x_i=\varphi_1 x_{t-1}+\varphi_2 x_{t-2}+\cdots+\varphi_p x_{t-p}+\varepsilon_i \tag{3.1}$$

式中：φ_1，φ_2，…，φ_p 为模型参数；ε_i 为白噪声序列，该模型的另外一种形式如下：

$$x_t-\varphi_1 x_{t-1}-\varphi_2 x_{t-2}-\cdots-\varphi_p x_{t-p}=\varepsilon_i \tag{3.2}$$

或算子形式：

$$(1-\varphi_1 B-\varphi_2 B^2-\cdots-\varphi_p B_p)x_t=\varepsilon_t \tag{3.3}$$

若记：

$$(1-\varphi_1 B-\varphi_2 B^2-\cdots-\varphi_p B_p)x_t=\varphi_p(B) \tag{3.4}$$

则式(3.2)可写为

$$\varphi_p(B)x_t=\varepsilon_i \tag{3.5}$$

2）滑动平均模型

滑动平均模型的形式为

$$x_t=\varepsilon_t-\theta_1\varepsilon_{t-1}-\theta_2\varepsilon_{t-2}-\cdots-\theta_q\varepsilon_{t-q} \tag{3.6}$$

3）自回归滑动平均模型

自回归滑动平均模型的形式为

$$x_t-\varphi_1 x_{t-1}-\cdots-\varphi_p x_{t-p}=\varepsilon_t-\theta_1\varepsilon_{t-1}-\theta_2\varepsilon_{t-2}-\cdots-\theta_q\varepsilon_{t-q} \tag{3.7}$$

3.3.2 灰色模型

灰色系统是由我国学者邓聚龙于1982年提出的。灰色系统是按照颜色来命名的，在控制论中，人们通常用颜色的深浅来形容信息的明确程度。如艾什比将内部信息未知的对象称为“黑箱”。“灰”表示部分信息未知，部分信息已知。灰色系统理论是以“部分信息已知、部分信息未知”的“小样本”、“贫信息”不确定性系统为研究对象，主要通过对已知信息的生成、开发，提取有价值的信息，实现对系统运行行为、演化规律的正确描述和有效控制。灰色系统理论认为，尽管客观系统的表象复杂、数据凌乱，但它们总有自身的整体功能，必然蕴含着某种规律，关键是如何选择适当的方法来挖掘和利用。贫信息不确定性系统的普遍存在决定了这一理论具有十分广阔的发展前景。

“差异信息原理”、“解的非唯一原理”、“灰性不灭原理”、“信息优先原理”是灰色系统的基本原理；“认知模式”是灰色系统的基本模式；“少数据建模”是灰色系统理论的重要特点。它把一般系统论、信息论以及控制论的观点和方法延伸到社会、经济、生态等抽象系统，结合数学方法，发展成了一套解决信息不完备系统即灰色系统的理论和方法。

灰色系统已经发展为很成熟的一门学科，有完备的理论基础和技术体系。涉及分析、建模、预测和优化等方面。灰色预测更是灰色系统和预测理论中发展较快、应用较多的一种预测技术，其应用涉及很多领域。本书在对煤矿百万吨死亡率指标测算中选用了灰色预测。有关灰色预测的研究和相关技术将在后面详细讨论。

3.3.3 人工神经网络模型

神经网络与传统预测模型相比，有很多优势，比如模型简单、较好地解决非线性问题和抗干扰性强等。多年以来，神经网络一直备受关注，有大量研究和应用。其类型有：

1）BP 网络

BP 网络利用网络误差的反向传播，及时关注网络神经元之间的连接权值来减小预测误差。它的模型有三层，目的是为了解决任何复杂的非线性问题。BP 网络算法相对比较简单，但能够得到满意的求解效果，所以在很多领域的预测方面都有应用。但是 BP 神经网络也有自身不足的地方。它在预测求解时，模型的收敛速度不是很理想，得到最优解的速度往往比较慢；另外，所得到的解不是全局最优解。针对 BP 神经网络的这些缺点，出现了大量的研究和组合优化模型。比如 BP 网络和遗传算法相结合、BP 网络和模糊算法相结合的混合模型。

2）自组织特征映射网络(Self Organizing Maps，SOM)

SOM 由两层构成，分别是输入层和输出层。模型中的神经元全部互相连接，但这并不说明每两个神经元的相互作用都是相同的，或者说两两之间必定存在着相互作用。它们之间的连接强度由连接强度权值给出。整个系统对外有一个权值控制，如果内部有一个神经元认识某一输入，则每当有该输入时，该神经元就有反应。

第 4 章　煤矿百万吨死亡率预测指标体系的建立

目前，世界各国采用的职业伤亡事故指标不统一，不同的国家采用不同的统计指标来考评事故伤害程度的严重性。世界各主要产煤国家采用的煤矿安全统计指标也不尽相同，大体上分为两种：绝对指标和相对指标。世界主要产煤国家媒体安全统计指标如表 4.1 所示，最常用的几种统计指标是：死亡人数、100 万工时伤亡率、百万吨死亡率和千人死亡率。

表 4.1　世界主要产煤国家煤矿安全统计指标

国家	煤矿安全统计指标					
	绝对指标	相对指标				
	死亡人数	20 万工时死亡率	100 万工时死亡率	千人死亡率	百万吨死亡率	30 万工作量死亡率
美国	√	√		√		
澳大利亚	√		√			
俄罗斯	√			√	√	
南非	√		√	√		
印度	√			√	√	√
波兰	√		√		√	
乌克兰	√					√
中国	√				√	√

4.1　煤矿百万吨死亡率影响因素的构成

4.1.1　煤矿安全生产控制指标

目前我国安全生产控制考核指标体系每年都有不同程度的调整，从 2004 年的 7 项开始，逐年增加，2011 年调整到 4 大类共 34 个指标构成。分别如下：

2004 年：设置 4 项指标。其中，绝对指标 3 项。相对指标 1 项。

2005 年：设置 3 类 20 项指标。其中，绝对指标 15 项，相对指标 4 项，事故起数指标 1 项。

2006 年：设置 3 类 22 项指标。其中，绝对指标 15 项，相对指标 5 项，事故起数指标 2 项。

2007—2008 年：设置 4 类 28 个指标。为强化对各类事故死亡人数总体指标的控制，将各类事故死亡总人数指标从绝对指标中分离出来，单列进行控制与考核，设置 4 类 28 个指标：总体指标 1 项，绝对指标 15 项，相对指标 8 项，事故起数指标 4 项。

2009 年，设置 4 类 32 个指标。为推进煤矿“两个攻坚战”的深入开展，落实交通运输企业的安全生产主体责任，在指标体系中增设了煤矿瓦斯事故、乡镇煤矿事故和生产经营性道路交通事故控制指标，并将特别重大事故实行零控制。设置 4 类 32 个指标：总体指标 1 项，绝对指标 18 项，相对指标 8 项，事故起数指标 5 项。

2010 年，设置 4 类 31 项指标。按照国务院安委会年初召开的全体会议提出的要逐步强化相对指标的要求，我们将在原来分解四项相对指标的基础上强化增加四项相对指标，即十万人口火灾事故死亡率、百万吞吐量死亡率、百万机车总行走公里死亡率、万台特种设备死亡率。同时简化一项绝对指标。

“十二五”控制指标体系设置 5 类 35 项指标，即总体控制指标 1 项，重点行业(领域)控制指标 19 项，事故起数控制指标 5 项，相对控制指标 9 项，职业危害指标 1 项。2011 年考虑到当前职业危害统计基础较为薄弱的实际，职业危害指标暂不设置和控制。

在 34 个指标中有 3 项煤矿专用安全指标：煤矿企业死亡人数，煤矿百万吨死亡率，煤矿企业一次死亡 10 人以上事故起数。另外，亿元国内生产总值生产安全事故死亡率、工矿商贸企业从业人员 10 万人生产安全事故死亡率两项指标中也包含煤矿企业。因此，我国煤矿安全生产控制考核指标共五项：

(1) 煤矿企业死亡人数。煤矿企业事故死亡的绝对人数，单位：人。目前这个指标在世界上使用比较广泛，其优点是统计、计算简单直观。缺点是不同规模的企业间因工伤造成的职业死亡严重程度对比困难。

(2) 煤矿百万吨死亡率。煤矿每生产百万吨煤由于工伤事故造成的死亡人数。

$$\text{百万吨死亡率}=\frac{\text{死亡人数}}{\text{煤炭实际产量(t)}}\times 10^{6}$$

(3) 煤矿企业一次死亡 10 人以上事故起数。

(4) 煤矿亿元生产总值生产安全事故死亡率(煤矿亿元 GDP 死亡率)。某时期内煤矿每生产亿元产值产品(煤)所造成的死亡人数，有时称亿元 GDP 死亡率。单位：人/亿元。这一指标在从业人员流动性较大、工时不易统计的情况下，具有统计、计算简便，不同国家、地区、部门间对比性好的特点。但这个指标只简单考虑产值对工伤死亡情况的影响，而未全面考虑从业人员多少、工作量、工作时间多少的影响，因此对经济发达程度不一的地区对比出来的结果科学性与准确性存在一定的影响。

$$亿元产值死亡率=\frac{死亡人数}{煤矿企业工业产值}\times 10^9$$

（5）煤矿企业从业人员 10 万人生产安全事故死亡率（煤矿 10 万人死亡率）。某时期内煤矿企业工伤事故死亡人数与从业人员的比值，单位：人/10 万人。这一指标统计、计算简便，具有较好的对比性。国际劳工组织为便于对不同国家和地区间，因工伤事故造成的职业伤亡严重程度进行直观比较，大力推荐使用 10 万人伤亡率指标。

4.1.2　指标的下达方式及分解计算方法

为了对安全生产进行有效管理，减少人员伤亡，降低事故起数，国务院于 2004 年，制定了《国务院关于进一步加强安全生产工作的决定》。公开向全国各省、市实行了安全生产控制指标层层下发、落实执行的制度。其中包括煤矿安全生产的各项控制指标。此次《决定》意味着国家对安全生产的高度重视，也为国家对各省市、企业单位的监管方式开辟了一条新途径。通过认真贯彻落实国务院决定精神，各相关部门从指标构成、下降幅度、分解方法等方面，不断完善全国安全生产控制指标体系。从执行以来，每月进行通报，每个季度也进行通报，每年进行定量考核。王显政在 2005 年的讲话中指出，通过一年来的实践证明，跟原来没有安全控制指标体系相比，安全生产状况得到了很大改善，国家对省、市和企业进行控制，效果有目共睹。接着支同祥也作了重要讲话，其中包括对安全生产控制指标的进一步修改、完善，制定更加科学合理的安全生产控制指标体系，并提出要对各个省、市的安全指标进行科学的定量考核制度，建立安全生产控制指标评价体系。控制指标的层层下发结构图如图 4.1 所示。

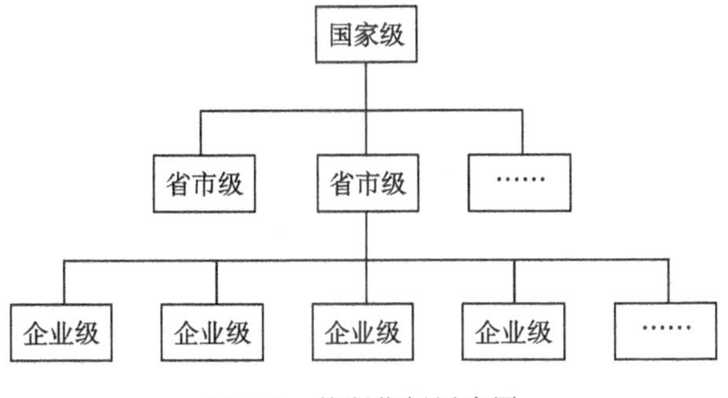

图 4.1　控制指标层次图

指标的分解计算方法如下。

1. 死亡人数

1）关于计算基数

以前一年全国各行业和领域死亡人数统计数为控制考核指标计算基数，煤矿企业死亡人数以前一年统计数下降百分率为计算基数。

2）关于计算方法

以各地区5年控制指标的均值占全国5年对应控制指标的均值的比例，按照下式推出各地控制指标值。计算公式如下：

$$Y_x = \frac{\frac{1}{5}\sum_{n=1}^{5} D_n^x}{\frac{1}{5}\sum_{n=1}^{5} G_n^x} \times A_x \tag{4.1}$$

式中：Y_x 为当年地区控制指标；D_x 为各产煤行政区域某年绝对指标统计数；G_x 为全国某年对应的绝对指标统计数；A_x 为当年全国控制指标；x 为对应各类行业进行分类。

3）关于调整因素

贯彻“三个压下来”(事故总量、死亡人数、伤残人数压下来)的要求，防止事故反弹，避免“一刀切”和“鞭打快牛”，建立相应约束性条件。

如果上一年某个地区按照下达的指标要求，较好地完成了国家层层下达的考核任务，则在今年按照原有方法制定考核目标时，根据实际情况考核目标值适当下降；如果上一年某个地区按照下达的指标要求，没有很好地完成国家层层下达的考核任务，在今年按照原有方法制定考核目标时，根据实际情况考核目标值适当上升。

另外，还可根据某个地区对全国的贡献率进行调整，贡献率大的适当减缓，贡献率小的适当加大，以控制整体完成目标。分别求某个地区近三年的控制指标平均值和全国近三年的控制指标平均值，并比较大小，如果前者大于后者，则该地区的考核目标值根据原有的计算方法适当减小；如果前者小于后者，则该地区的考核目标值根据原有的计算方法适当增大。

为了防止事故继续增长，首先按照指标分解的计算方法计算各地区指标的目标值，并和去年每个地区各自的指标值进行比较，如果计算的目标值大于去年该项指标的实际值，则今年的年度考核指标取去年该项指标的统计实际值。

对于某些地区的煤矿百万吨死亡率，如果实际值太高，也要做适当调整，具体是和该项的全国控制考核指标相比，如果比全国煤矿百万吨死亡率的4倍还要高，就取 4 倍。

2. 百万吨死亡率

煤炭产量按照 0.5 的弹性系数，以各地区 GDP 增幅的二分之一作为原煤产量增幅计算，死亡人数以每年各地区煤矿企业死亡人数控制考核指标计算，每年国家可根据实际情况做适当的调整。

4.1.3　煤矿百万吨死亡率影响因子

本书在后面对各省的煤矿百万吨死亡率预测时，必须涉及到更具体、能量化的细化指标体系。参考了煤矿安全方面的各种规章制度，比如《煤矿安全生产基本条件规定》、《煤矿安全规程》、《煤矿企业安全生产许可证实施办法》、《煤矿安全评价导则》等相关文献，综合考虑我国煤炭的地质条件、开采技术、科学技术水平、从业人员自身条件和经济发展水平等对煤矿安全的影响，建立细化的煤矿安全系统，如图 4.2 所示。

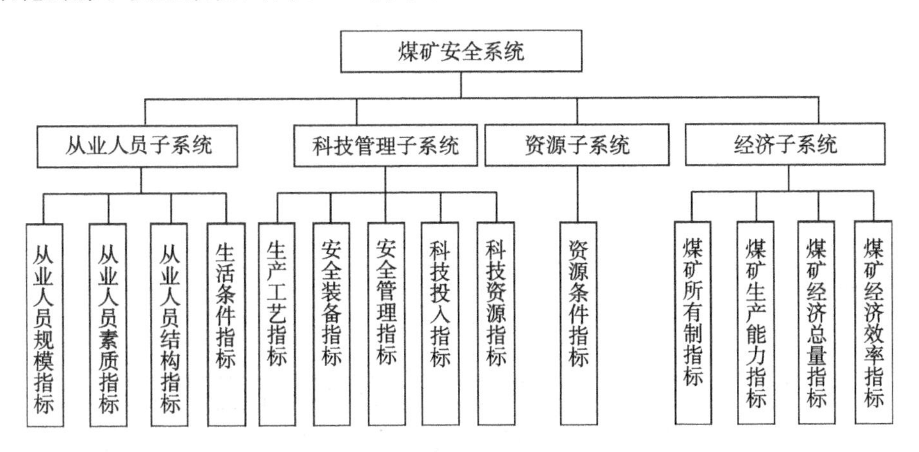

图 4.2　煤矿安全系统指标体系框图

2004 年以来，国家决定向各个省、市层层下达包括煤矿安全生产控制指标在内的安全生产控制指标。这些指标中包括百万吨死亡率、死亡人数、亿元 GDP 死亡率、一次死亡 10 人以上事故起数这四项控制考核指标。这些指标都在一定程度上反映了一个地区煤矿生产安全状况，但煤矿百万吨死亡率是自从国家制定安全生产指标系统以来就确定的指标，被国内外都公认为是一个地区进行安全状态评估的必选项，并且这一相对指标对比性极强。所以本书选用煤矿百万吨死亡率作为评价一个产煤区域的安全评价指标，采用合适的方法进行预测。为了较准确地预测煤矿百万吨死亡率，就必须准确选取煤矿百万吨死亡率的影响因素。

从上面分析可知，影响煤矿百万吨死亡率的因素很多，没有办法一一列出，对预测也没有必要，只要从中选取关键因素即可。根据对整个煤矿安全系统的分析可知，符合这一条件的指标有 14 项，作为初选指标，如表 4.2 所示。

表 4.2　百万吨死亡率初取指标体系

百万吨死亡率影响因素	
x_1	从业人员中井下职工所占比例
x_2	从业人员中工程技术人员比例
x_3	救护队工人占井下职工比例
x_4	采煤机械化率
x_5	综合机械化采煤率
x_6	机械化掘进率
x_7	国有重点煤矿产量所占比例
x_8	集体所有制煤矿产量所占比例
x_9	大型煤矿产量所占比例
x_{10}	原煤全员效率
x_{11}	从业人员平均工资
x_{12}	煤炭工业总产值占当地第二产业比例
x_{13}	煤与瓦斯突出矿井所占比例
x_{14}	高瓦斯矿井所占比例

4.2　基于灰色关联分析的煤矿百万吨死亡率指标体系的建立

一般的抽象系统，如社会系统、经济系统、农业系统、生态系统等都包含有很多种因素，多种因素共同作用的结果决定了该系统的发展态势。我们希望知道在众多因素中，哪些是主要因素；哪些是次要因素；哪些因素对系统发展影响大；哪些因素对系统发展影响小等等。这些都是系统分析中比较关心的问题。

灰色关联分析的基本思想就是根据序列曲线的几何形状的相似程度来判断其联系是否紧密。曲线越接近，相应序列之间关联度就越大，反之就越小。灰色关联分析不仅是灰色系统理论的重要内容之一，而且是灰色预测、灰色决策、灰色控制的重要基石。

4.2.1 灰色关联分析的基本特征

1）总体性

在以往的关联分析中，往往把一个因素和另一个因素相比较，灰色关联分析打破了这一局限性，把它们放在一起，作为一个系统看待。一个系统中涵盖很多种因素，它们对系统的重要程度和作用是不相同的，但我们可以通过关联度对其进行排序，即关联序。

2）非唯一性

关联度并不唯一，因为计算关联度时要考虑很多因素，比如母序列的选取问题、原始数据的规模、处理方式、计算时的相关系数的取值。

3）非对称性

系统中的各个因素之间有着千丝万缕的联系，并不能用一种关系来简单地概括，所以两个因素之间相互的关联度是不相等的。

4）动态性

对于一个系统而言，系统是随时间不断变化的，相应的系统中因素之间的关系也在发生一定的变化，所以关联度也会随之变化。

5）有序性

灰色关联分析研究的主要对象之一是时间序列。系统中的数据序列和时序的变化会影响系统中原有序列的特性。

4.2.2 灰色关联分析模型

灰色关联分析的步骤：

(1) 确定参考序列和比较序列；

(2) 求灰色关联系数；

(3) 求灰色关联度；

(4) 灰色关联度排序。

设具有 n 元素的参考数列 $\boldsymbol{x}_0$ 表示为

$$\boldsymbol{x}_0=[x_0(1), x_0(2), \cdots, x_0(n)] \tag{4.2}$$

比较序列 $\boldsymbol{x}_1$，$\boldsymbol{x}_2$，…，$\boldsymbol{x}_m$ 表示为

$$\begin{aligned}\boldsymbol{x}_1&=[x_1(1), x_1(2), \cdots, x_1(n)]\\ \boldsymbol{x}_2&=[x_2(1), x_2(2), \cdots, x_2(n)]\\ &\vdots\\ \boldsymbol{x}_m&=[x_m(1), x_m(2), \cdots, x_m(n)]\end{aligned} \tag{4.3}$$

可以将参考数列和比较数列看作由数据点连接成的曲线，关联分析的实质就是计算参考曲线与比较曲线之间几何形状的差异。关联度的大小从几何形状中可以直观的看出，即比较序列曲线和参考序列曲线间的面积。关联度的计算过程如下。

1. 原始数据预处理

由于系统中各因素的物理意义不同，或计量单位不同，从而导致数据的量纲不同，而且有时数值的数量级相差悬殊。这样不同量纲、不同数量级之间的数据不便比较，或者在比较时难以得到正确的结果。为了便于分析，同时为了保证数据具有等效性和同序性，就需要在各因素进行比较前对原始数据进行无量纲化的数据处理，使之量纲归一化。常用的有均值化处理和初值化处理。

设 $\boldsymbol{X}_i=(X_i(1), X_i(2), \cdots, X_i(n))$为因素 $\boldsymbol{X}_i$的行为序列。

1）均值化处理

对于一个数列，用它的平均值去除这个数列的所有数据，得到的数列就是均值化处理后的新序列。设有原始数列 $\boldsymbol{x}_0=(x_0(1), x_0(2), \cdots, x_0(n))$，其平均值记做$\overline{x_0}$，对原始数据序列 $\boldsymbol{x}_0$均值化后得 $\boldsymbol{y}_0$，计算方法如下：

$$\boldsymbol{y}_0=\{y_0(1), y_0(2), \cdots, y_0(n)\}=\left\{\frac{x_0(1)}{\overline{x_0}}, \frac{x_0(2)}{\overline{x_0}}, \cdots, \frac{x_0(n)}{\overline{x_0}}\right\} \tag{4.4}$$

2）初值化处理

针对一个数列，用它的第一个数去除这个序列的所有数据，最终得到的数列就是初值化后的新序列。

设有原始数列 $\boldsymbol{x}_0=(x_0(1), x_0(2), \cdots, x_0(n))$，对 $\boldsymbol{x}_0$作初值化处理得 $\boldsymbol{y}_0$，则

$$\boldsymbol{y}_0=\{y_0(1), y_0(2), \cdots, y_0(n)\}=\left\{\frac{x_0(1)}{x_0(1)}, \frac{x_0(2)}{x_0(1)}, \cdots, \frac{x_0(n)}{x_0(1)}\right\} \tag{4.5}$$

2. 关联系数的计算

系统间或因素间的关联程度是根据曲线间几何形状的相似程度来判断的，相似程度越高，则联系越紧密，关联程度越大。因此，曲线间差值的大小，可以作为关联程度的衡量尺度。

$$\begin{aligned}\xi_i(k)&=\gamma(x_0(k), x_i(k))\\&=\frac{\min\limits_i \min\limits_k |x_0(k)-x_i(k)|+\xi.\max\limits_i \max\limits_k |x_0(k)-x_i(k)|}{|x_0(k)-x_i(k)|+\xi.\max\limits_i \max\limits_k |x_0(k)-x_i(k)|}\end{aligned} \tag{4.6}$$

式中的 $\xi_i(k)$为第 i 条曲线在 k 点的关联系数，式中其他变量的含义如下：

$\boldsymbol{x}_i$和 $\boldsymbol{x}_0$分别代表比较曲线和参考曲线，它们在 k 点的取值不同，分别记为 $x_i(k)$和$x_0(k)$，$|x_i(k)-x_0(k)|$为两者之差，代表 k 时刻 $\boldsymbol{x}_i$相对于 $\boldsymbol{x}_0$的关联系

数。ξ 为分辨系数，取值为小于 1 大于 0 的实数。

式(4.6)中的$\min\limits_{i}\min\limits_{k}|x_0(k)-x_i(k)|$称为两级最小差，其计算方法分为两步，首先计算第一级最小差

$$\Delta_i(\min) = \min_{k}|x_0(k)-x_i(k)| \tag{4.7}$$

$\Delta_i(\min)$是指取不同 k 值中绝对差 $x_0(k)-x_i(k)$中的最小者。

第二级最小差

$$\Delta(\min) = \min_{i}(\min|x_0(k)-x_i(k)|) \tag{4.8}$$

是指 $\Delta_1(\min)$，$\Delta_2(\min)$，…，$\Delta_m(\min)$中的最小者。

两级最大差$\max\limits_{i}\max\limits_{k}|x_0(k)-x_i(k)|$的计算方法同两级最小差，也是分为两步计算，只不过是求最大值。

3. 关联度的计算

两个系统或者两个因素间关联性大小的度量，称为关联度。关联度描述了系统发展过程中，因素间相对变化的情况，也就是变化大小、方向与速度等的相对性。如果两者在发展过程中，相对变化基本一致，则认为两者关联度大；反之，两者关联度小。关联分析的实质，就是对数列曲线进行几何关系的比较。若两数列曲线重合，则关联性好，即关联系数为 1，那么两数列关联度也等于 1。同时，两数列曲线不可能垂直，即无关联性，所以关联系数大于 0，故关联度也大于 0。因为关联系数是曲线几何形状关联程度的一个度量，在比较的全过程中，关联系数不止一个，所以取关联系数的平均值作为比较全过程的关联程度的度量。

式(4.6)是参考曲线与比较曲线中各对应点关联系数的计算公式，根据灰关联空间原理，可得两曲线(数列)之间关联度的计算公式

$$\gamma_{0i} = \gamma(\boldsymbol{x}_0,\ \boldsymbol{x}_i) = \frac{1}{n}\cdot\sum_{i=1}^{n}\gamma[x_0(k),\ x_i(k)] \tag{4.9}$$

若将 $\gamma[x_0(k),\ x_i(k)]$用 $\xi_i(k)$代替，γ_{0i}用 γ_i代替，则

$$\gamma_i = \frac{1}{n}\cdot\sum_{i=1}^{n}\xi_i(k) \tag{4.10}$$

4. 关联序

在灰色关联分析中，关联序就是针对同一母序列，用几个子序列分别对其求关联度，然后按照关联度的大小顺序依次进行排列，排列好的序列就是关联序。因为灰色关联度不是唯一的，所以灰色关联度本身值的大小不是关键，而各关联度大小的排列顺序更为重要，这就需要对灰色关联度排序。关联矩阵就是根据关联序得到的，即

$$\boldsymbol{R}=\begin{pmatrix} r_{11} & \cdots & r_{1n} \\ \vdots & \ddots & \vdots \\ r_{m1} & \cdots & r_{mn} \end{pmatrix}$$

4.2.3 2004年煤矿百万吨死亡率关联分析

灰色关联分析是对系统之间或者系统里的各个因素之间作出定量的比较或是描述其在发展的过程中，随时间的变化而变化的情况，也就是对时间序列曲线的几何形状来进行分析，依据其在变化的大小、方向和速度等方面的接近程度来对彼此的关联性大小进行衡量。如果在变化的态势上，两个比较的序列基本上保持一致或者相似，那么它们同步变化的程度就比较高，也就可以把两者之间的关联程度看作较大；反过来，就可以说明两者之间的关联程度比较小。

关联度指一序列与另一序列关联性的大小。通过两者之间的曲线分析也可以看出关联度大小。如果曲线拟合度比较好，则两者之间的关联度较大；反之，关联度较低。

本节采用灰色关联分析方法，采用影响煤矿百万吨死亡率的指标，即从业人员中井下职工所占比例、从业人员中工程技术人员比例、救护队工人占井下职工比例、采煤机械化率、综合机械化采煤率、机械化掘进率等14个参数计算与煤矿百万吨死亡率的关联度。根据关联度大小，对14个参数的关联度进行排序，选取关联度大的前几个指标作为预测指标。

基于支持向量回归进行煤矿百万吨死亡率预测，其实质是利用了支持向量机能够以任意精度逼近任一非线性函数的特征，以及通过学习利用历史数据进行建模的优点。支持向量机能够通过训练直接决定回归函数的边界，当输入变量很大时，其泛化性能不会受到大的影响。Vapnik曾认为，对于支持向量机方法，输入特征提取是不需要的，然而，S. Abe等经过研究发现，输入向量的维数过高时，不仅支持向量机的训练时间增长，速度变慢，其泛化性能也受到影响。因此，煤矿百万吨死亡率预测中输入特征提取是支持向量机建模前的一项重要工作，能否选择出一组最能反映期望输出变化原因的输入特征集，直接关系到煤矿百万吨死亡率预测模型的预测性能。用灰色关联方法对样本进行预处理，通过降低样本属性的维数，能够减小支持向量机算法的复杂性，提高支持向量机预测精度及泛化能力。

本节首先以2004年、2010年全国21个省的煤矿百万吨死亡率为分析样本，选取上一节煤矿百万吨死亡率影响因素，通过关联排序，选取前几个影响因素为支持向量机预测百万吨死亡率的预测指标，然后再与其他年份综合对比，最终确定煤矿百万吨死亡率的预测指标体系。

1. 原始数据无量纲化

选取2004年原始数据样本如表4.3所示。

表4.3 2004年煤矿百万吨死亡率样本

省份	从业人员井下职工所占比例/(%)	从业人员中工程技术人员比例/(%)	救护队工人占井下职工比例/(%)	采煤机械化率/(%)	综合机械化采煤率/(%)	机械化掘进率/(%)	国有重点煤矿产量所占比例/(%)	集体所有制煤矿产量所占比例/(%)	大型煤矿产量所占比例/(%)	原煤全员效率/(t/工)	从业人员平均工资/(元/人·年)	煤炭工业总产值占当地第二产业比例/(%)	煤与瓦斯突出矿井所占比例/(%)	高瓦斯矿井所占比例/(%)
	x_1	x_2	x_3	x_4	x_5	x_6	x_7	x_8	x_9	x_{10}	x_{11}	x_{12}	x_{13}	x_{14}
总计	35.98	14.74	1.00	82.72	71.81	23.71	47.00	38.14	38.49	3.76	17033.00	8.42	4.29	18.97
北京	23.76	12.65	1.26	5.38	0.00	20.32	48.74	51.26	55.14	2.43	25159.90	1.66	0.00	0.00
河北	38.04	14.83	1.40	94.44	85.67	28.67	71.46	17.15	7.81	3.88	19208.80	6.01	1.17	4.49
山西	32.76	15.55	0.72	98.75	91.91	48.45	48.50	34.56	45.99	6.04	19599.20	52.22	0.53	11.61
内蒙	24.11	12.33	1.98	69.05	55.01	17.58	54.79	42.25	47.91	5.40	9962.10	11.32	0.00	10.00
辽宁	29.09	12.01	1.59	82.27	76.73	19.04	74.29	22.58	64.99	4.01	15017.40	6.05	2.37	6.95
吉林	34.99	14.59	0.59	61.99	34.30	17.07	44.47	34.60	4.66	1.52	10425.40	2.95	0.73	16.79
黑龙江	38.49	12.56	0.69	73.87	25.78	4.65	56.42	31.96	40.79	1.52	9600.10	6.21	0.49	4.15
…	…	…	…	…	…	…	…	…	…	…	…	…	…	…
河南	38.66	13.24	0.56	64.67	62.31	17.66	49.79	38.67	39.85	2.75	14887.00	10.76	17.67	6.40
湖南	50.87	22.43	1.70	9.10	0.00	10.72	10.04	74.68	0.00	0.85	13527.20	6.43	28.25	15.30
四川	42.55	14.51	1.58	27.70	17.27	0.00	12.41	78.06	4.47	1.58	12904.30	5.86	2.72	64.50
重庆	49.13	14.00	1.93	41.18	24.90	0.00	26.74	64.56	5.87	1.58	13247.50	7.45	7.24	16.40
贵州	47.26	14.68	1.08	78.97	49.02	7.82	15.83	78.60	8.43	2.38	14672.40	19.64	6.18	51.20
云南	32.64	16.63	3.27	30.25	0.00	0.00	2.97	70.65	12.45	1.13	10149.50	6.62	1.78	15.00
陕西	34.21	15.53	1.37	55.31	46.55	21.47	50.78	38.33	44.74	2.69	14162.40	8.06	0.59	1.17
甘肃	33.49	21.71	0.36	81.43	78.65	21.28	31.06	18.43	45.67	3.69	16565.30	5.76	1.52	2.43
宁夏	29.67	12.31	1.32	100.00	100.00	5.62	82.50	9.42	63.97	3.24	22287.30	22.79	3.80	8.86
新疆	19.32	20.46	4.49	87.86	87.86	45.12	25.09	48.24	1.99	3.66	16691.60	5.03	0.00	3.30

对原始数据均值化处理后的结果如表 4.4 所示。

表 4.4　均值化处理结果

省份	从业人员井下职工所占比例/(%)	从业人员中工程技术人员比例/(%)	救护队工人占井下职工比例/(%)	采煤机械化率/(%)	综合机械化采煤率/(%)	机械化掘进率/(%)	国有重点煤矿产量所占比例/(%)	集体所有制煤矿产量所占比例/(%)	大型煤矿产量所占比例/(%)	原煤全员效率/(t/工)	从业人员平均工资/(元/人·年)	煤炭工业总产值占当地第二产业比例/(%)	煤与瓦斯突出矿井所占比例/(%)	高瓦斯矿井所占比例/(%)
	x_1	x_2	x_3	x_4	x_5	x_6	x_7	x_8	x_9	x_{10}	x_{11}	x_{12}	x_{13}	x_{14}
总计	0.98	0.97	0.72	1.29	1.40	1.43	1.02	0.98	1.12	1.27	1.07	0.67	0.90	1.31
北京	0.65	0.83	0.91	0.08	0.00	1.22	1.06	1.32	1.61	0.82	1.58	0.26	0.00	0.00
河北	1.04	0.98	1.01	1.48	1.67	1.72	1.56	0.44	0.23	1.32	1.21	0.57	0.24	0.31
山西	0.89	1.03	0.52	1.55	1.80	2.91	1.06	0.89	1.34	2.05	1.23	5.40	0.11	0.80
内蒙	0.66	0.81	1.43	1.08	1.08	1.06	1.19	1.09	1.40	1.83	0.63	1.09	0.00	0.69
辽宁	0.79	0.79	1.15	1.29	1.50	1.15	1.62	0.58	1.89	1.36	0.94	0.59	0.50	0.48
吉林	0.95	0.96	0.43	0.97	0.67	1.03	0.97	0.89	0.14	0.52	0.66	0.30	0.15	1.16
黑龙江	1.05	0.83	0.50	1.16	0.50	0.28	1.23	0.83	1.19	0.52	0.60	0.64	0.10	0.29
…	…	…	…	…	…	…	…	…	…	…	…	…	…	…
山东	0.81	1.14	0.78	1.47	1.52	1.43	1.58	0.11	1.88	1.43	1.26	0.89	0.09	0.06
河南	1.05	0.87	0.41	1.01	1.22	1.06	1.09	1.00	1.16	0.93	0.94	1.06	3.69	0.44
湖南	1.39	1.48	1.23	0.14	0.00	0.64	0.22	1.93	0.00	0.29	0.85	0.73	5.91	1.06
四川	1.16	0.96	1.14	0.43	0.34	0.00	0.27	2.02	0.13	0.54	0.81	0.58	0.57	4.47
重庆	1.34	0.92	1.40	0.64	0.49	0.00	0.58	1.67	0.17	0.54	0.83	0.79	1.51	1.14
贵州	1.29	0.97	0.78	1.24	0.96	0.47	0.35	2.03	0.25	0.81	0.92	2.07	1.29	3.55
云南	0.89	1.10	2.37	0.47	0.00	0.00	0.06	1.82	0.36	0.38	0.64	0.70	0.37	1.04
陕西	0.93	1.02	0.99	0.87	0.91	1.29	1.11	0.99	1.30	0.91	0.89	0.87	0.12	0.08
甘肃	0.91	1.43	0.26	1.27	1.54	1.28	0.68	0.48	1.33	1.25	1.04	0.53	0.32	0.17
宁夏	0.81	0.81	0.96	1.57	1.95	0.34	1.80	0.24	1.86	1.10	1.40	2.36	0.79	0.61
新疆	0.53	1.35	3.25	1.38	1.72	2.71	0.55	1.25	0.06	1.24	1.05	0.34	0.00	0.23

2. 关联系数计算

1）各项参数

计算关联系数所需的各项参数值如表 4.5 所示。

表 4.5　各项参数值

$x_1=$	0.98	0.65	1.04	0.89	0.66	0.79	0.95	1.05	…	1.39	1.26	0.81	1.05	1.39	1.16	1.34	1.29	0.89	0.93	0.91	0.81	0.53
$x_2=$	0.97	0.83	0.98	1.03	0.81	0.79	0.96	0.83	…	0.76	0.75	1.14	0.87	1.48	0.96	0.92	0.97	1.10	1.02	1.43	0.81	1.35
$x_3=$	0.72	0.91	1.01	0.52	1.43	1.15	0.43	0.50	…	0.56	0.64	0.78	0.41	1.23	1.14	1.40	0.78	2.37	0.99	0.26	0.96	3.25
$x_4=$	1.29	0.08	1.48	1.55	1.08	1.29	0.97	1.16	…	1.04	0.24	1.47	1.01	0.14	0.43	0.64	1.24	0.47	0.87	1.27	1.57	1.38
$x_5=$	1.40	0.00	1.67	1.80	1.08	1.50	0.67	0.50	…	1.18	0.30	1.52	1.22	0.00	0.34	0.49	0.96	0.00	0.91	1.54	1.95	1.72
$x_6=$	1.43	1.22	1.72	2.91	1.06	1.15	1.03	0.28	…	1.13	0.00	1.43	1.06	0.64	0.00	0.00	0.47	0.00	1.29	1.28	0.34	2.71
$x_7=$	1.02	1.06	1.56	1.06	1.19	1.62	0.97	1.23	…	1.43	0.75	1.58	1.09	0.22	0.27	0.58	0.35	0.06	1.11	0.68	1.80	0.55
$x_8=$	0.98	1.32	0.44	0.89	1.09	0.58	0.89	0.83	…	0.24	1.20	0.11	1.00	1.93	2.02	1.67	2.03	1.82	0.99	0.48	0.24	1.25
$x_9=$	1.12	1.61	0.23	1.34	1.40	1.89	0.14	1.19	…	2.51	0.00	1.88	1.16	0.00	0.13	0.17	0.25	0.36	1.30	1.33	1.86	0.06
$x_{10}=$	1.27	0.82	1.32	2.05	1.83	1.36	0.52	0.52	…	1.20	0.46	1.43	0.93	0.29	0.54	0.54	0.81	0.38	0.91	1.25	1.10	1.24
$x_{11}=$	1.07	1.58	1.21	1.23	0.63	0.94	0.66	0.60	…	1.34	0.91	1.26	0.94	0.85	0.81	0.83	0.92	0.64	0.89	1.04	1.40	1.05
$x_{12}=$	0.67	0.26	0.57	5.40	1.09	0.59	0.30	0.64	…	1.20	0.24	0.89	1.06	0.73	0.58	0.79	2.07	0.70	0.87	0.53	2.36	0.34
$x_{13}=$	1.00	2.23	1.87	0.52	0.21	0.60	1.74	0.94	…	1.12	0.64	0.80	1.00	1.49	1.12	1.03	0.93	2.23	0.42	1.42	0.28	0.00
$x_{14}=$	1.02	0.00	0.70	0.56	0.12	1.58	1.61	1.30	…	1.98	1.04	0.06	1.27	1.54	1.21	2.18	2.22	1.21	0.60	0.44	1.21	0.00

2）求差序列

各项参数的差序列如表 4.6 所示。

表 4.6　各项参数的差序列

$x_1=$	0.00	0.29	0.41	0.58	0.50	0.24	1.17	0.45	…	1.04	1.48	0.70	0.27	2.14	0.97	3.03	1.61	0.93	0.21	0.08	0.41	0.56
$x_2=$	0.01	0.11	0.35	0.72	0.65	0.24	1.16	0.23	…	0.41	1.99	1.03	0.09	2.05	1.17	3.45	1.93	0.72	0.30	0.44	0.41	0.26
$x_3=$	0.26	0.03	0.38	0.21	1.27	0.12	1.69	0.10	…	0.21	2.10	0.67	0.37	2.30	0.99	2.97	2.12	0.55	0.27	0.73	0.56	2.16
$x_4=$	0.31	0.86	0.85	1.24	0.92	0.26	1.15	0.56	…	0.69	2.50	1.36	0.23	3.39	1.70	3.73	1.66	1.35	0.15	0.28	1.17	0.29
$x_5=$	0.42	0.94	1.04	1.49	0.92	0.47	1.45	0.10	…	0.83	2.44	1.41	0.44	3.53	1.79	3.88	1.94	1.82	0.19	0.55	1.55	0.63
$x_6=$	0.45	0.28	1.09	2.60	0.90	0.12	1.09	0.32	…	0.78	2.74	1.32	0.28	2.89	2.13	4.37	2.43	1.82	0.57	0.29	0.06	1.62
$x_7=$	0.04	0.12	0.93	0.75	1.03	0.59	1.15	0.63	…	1.08	1.99	1.47	0.31	3.31	1.86	3.79	2.55	1.76	0.39	0.31	1.40	0.54
$x_8=$	0.00	0.38	0.19	0.58	0.93	0.45	1.23	0.23	…	0.11	1.54	0.00	0.22	1.60	0.11	2.70	0.87	0.00	0.27	0.51	0.16	0.16
$x_9=$	0.14	0.67	0.40	1.03	1.24	0.86	1.98	0.59	…	2.16	2.74	1.77	0.38	3.53	2.00	4.20	2.65	1.46	0.58	0.34	1.46	1.03
$x_{10}=$	0.29	0.12	0.69	1.74	1.67	0.33	1.60	0.08	…	0.85	2.28	1.32	0.15	3.24	1.59	3.83	2.09	1.44	0.19	0.26	0.70	0.15
$x_{11}=$	0.09	0.64	0.58	0.92	0.47	0.09	1.46	0.00	…	0.99	1.83	1.15	0.16	2.68	1.32	3.54	1.98	1.18	0.17	0.05	1.00	0.04
$x_{12}=$	0.31	0.68	0.06	5.09	0.93	0.44	1.82	0.04	…	0.85	2.50	0.78	0.28	2.80	1.55	3.58	0.83	1.12	0.15	0.46	1.96	0.75
$x_{13}=$	0.02	1.29	1.24	0.21	0.05	0.43	0.38	0.34	…	0.77	2.10	0.69	0.22	2.04	1.01	3.34	1.97	0.41	0.30	0.43	0.12	1.09
$x_{14}=$	0.04	0.94	0.07	0.25	0.04	0.55	0.51	0.70	…	1.63	1.70	0.05	0.49	1.99	0.92	2.19	0.68	0.61	0.12	0.55	0.81	1.09

3）求两极差

$$M=\min_i\min_k\left|x_0(k)-x_i(k)\right|=0.001$$

$$M=\max_i\max_k\left|x_0(k)-x_i(k)\right|=5.090$$

4）计算关联系数

取 $\xi=0.5$

$$P_{1i}=2.546/(\Delta_i(k)+2.545),\ i=1,2,3\cdots,14 \tag{4.11}$$

从而求出百万吨死亡率关联系数 L_x，如表 4.7 所示。

表 4.7　以百万吨死亡率为系统特征序列的关联系数

$L_x(01)$	1.00	0.30	0.26	0.81	0.84	0.62	0.69	0.65	…	0.21	0.63	0.39	0.60	0.54	0.42	0.46	0.61	0.33	0.42	0.37	0.36	0.42
$L_x(02)$	1.00	0.26	0.48	0.78	0.80	0.61	0.69	0.72	…	0.86	0.56	0.71	0.26	0.35	0.38	0.42	0.27	0.48	0.39	0.45	0.36	0.31
$L_x(03)$	0.58	0.09	0.27	0.92	0.67	0.65	0.60	0.66	…	0.92	0.55	0.79	0.67	0.53	0.72	0.46	0.55	0.82	0.30	0.78	0.82	0.54
$L_x(04)$	0.55	0.25	0.45	0.67	0.73	0.61	0.69	0.72	…	0.79	0.50	0.65	0.52	0.43	0.60	0.41	0.60	0.65	0.35	0.10	0.69	0.90
$L_x(05)$	0.46	0.43	0.11	0.63	0.74	0.54	0.64	0.56	…	0.75	0.51	0.64	0.45	0.42	0.59	0.40	0.57	0.58	0.33	0.22	0.12	0.80
$L_x(06)$	0.77	0.50	0.20	0.49	0.74	0.66	0.70	0.69	…	0.77	0.48	0.66	0.50	0.47	0.54	0.37	0.51	0.58	0.42	0.10	0.98	0.61
$L_x(07)$	0.43	0.55	0.43	0.77	0.71	0.51	0.69	0.50	…	0.70	0.56	0.63	0.49	0.43	0.58	0.40	0.50	0.59	0.37	0.09	0.65	0.82
$L_x(08)$	1.00	0.47	0.53	0.81	0.73	0.55	0.68	0.72	…	0.96	0.62	1.00	0.42	0.61	0.96	0.49	0.75	1.00	0.20	0.13	0.94	0.94
$L_x(09)$	0.68	0.39	0.46	0.71	0.67	0.45	0.56	0.61	…	0.54	0.48	0.59	0.37	0.42	0.56	0.38	0.49	0.64	0.41	0.28	0.64	0.71
$L_x(10)$	0.65	0.26	0.79	0.59	0.60	0.59	0.31	0.57	…	0.75	0.53	0.66	0.44	0.44	0.62	0.40	0.55	0.64	0.33	0.31	0.79	0.94
$L_x(11)$	0.56	0.40	0.32	0.73	0.85	0.67	0.63	1.00	…	0.72	0.58	0.69	0.54	0.49	0.66	0.42	0.56	0.68	0.44	0.18	0.72	0.98
$L_x(12)$	0.55	0.59	0.28	0.33	0.73	0.55	0.58	0.68	…	0.75	0.50	0.77	0.40	0.48	0.62	0.42	0.75	0.70	0.44	0.05	0.57	0.77
$L_x(13)$	0.99	0.36	0.67	0.92	0.98	0.66	0.87	0.58	…	0.77	0.55	0.79	0.32	0.55	0.72	0.43	0.56	0.86	0.39	0.26	0.95	0.70
$L_x(14)$	0.18	0.23	0.17	0.11	0.18	0.22	0.13	0.08	…	0.21	0.20	0.18	0.44	0.56	0.23	0.14	0.29	0.13	0.26	0.32	0.16	0.17

3. 关联度计算

求得的关联度如表 4.8 所示。

表 4.8　各初选指标与百万吨死亡率关联度排序

指标		关联度
集体所有制煤矿产量所占比例/(%)	x_8	0.4723
综合机械化采煤率/(%)	x_5	0.4711
高瓦斯矿井所占比例/(%)	x_{14}	0.3256
煤与瓦斯突出矿井所占比例/(%)	x_{13}	0.4431
从业人员中工程技术人员比例/(%)	x_2	0.4285
机械化掘进率/(%)	x_6	0.4094
采煤机械化率/(%)	x_4	0.3747
从业人员平均工资/(元/人·年)	x_{11}	0.3419
原煤全员效率/(t/工)	x_{10}	0.3210
救护队工人占井下职工比例/(%)	x_3	0.2348
从业人员井下职工所占比例/(%)	x_1	0.1904
国有重点煤矿产量所占比例/(%)	x_7	0.1649
煤炭工业总产值占当地第二产业比例/(%)	x_{12}	0.1473
大型煤矿产量所占比例/(%)	x_9	0.1462

4.2.4　2010 年煤矿百万吨死亡率关联分析

1. 原始数据无量纲化

选取 2010 年原始数据样本如表 4.9 所示。

表 4.9　2010 年煤矿百万吨死亡率样本

省份	从业人员井下职工所占比例/(%)	从业人员中工程技术人员比例/(%)	救护队工人占井下职工比例/(%)	采煤机械化率/(%)	综合机械化采煤率/(%)	机械化掘进率/(%)	国有重点煤矿产量所占比例/(%)	集体所有制煤矿产量所占比例/(%)	大型煤矿产量所占比例/(%)	原煤全员效率/(t/工)	从业人员平均工资/(元/人·年)	煤炭工业总产值占当地第二产业比例/(%)	煤与瓦斯突出矿井所占比例/(%)	高瓦斯矿井所占比例/(%)
	x_1	x_2	x_3	x_4	x_5	x_6	x_7	x_8	x_9	x_{10}	x_{11}	x_{12}	x_{13}	x_{14}
总计	38.00	12.86	0.95	89.97	84.15	27.42	50.13	37.15	47.81	4.99	25575.00	6.06	5.93	17.76
北京	19.36	36.14	1.82	47.64	0.00	25.11	83.70	16.30	62.70	2.07	70452.00	2.38	0.00	0.00
…	…	…	…	…	…	…	…	…	…	…	…	…	…	…
山西	32.53	32.53	0.74	99.79	98.03	58.25	52.27	28.24	45.56	6.84	21522.00	49.06	0.96	14.63
内蒙	27.70	27.70	1.29	92.93	89.35	27.18	48.90	50.09	23.59	11.19	40282.00	9.90	0.00	1.00
辽宁	33.91	33.91	1.41	92.36	87.69	26.19	82.56	15.74	74.71	4.28	35239.00	5.33	25.49	21.57
吉林	48.13	48.13	1.37	89.56	79.61	24.33	54.90	35.07	10.44	2.55	26595.00	2.75	0.61	15.24
黑龙江	40.97	40.97	0.67	85.02	50.86	10.15	56.79	30.49	48.48	1.76	22447.00	5.84	0.69	5.51
湖南	52.87	36.43	3.41	11.44	0.00	15.25	11.19	79.96	0.00	0.64	20428.00	6.59	28.72	14.98
四川	46.65	54.29	2.75	38.05	25.77	0.00	17.64	77.14	7.65	1.97	17339.00	5.24	4.09	31.59
重庆	54.84	54.29	2.47	52.26	35.42	0.00	29.14	69.45	9.23	1.43	22920.00	7.14	7.40	16.16
贵州	51.54	48.28	3.28	90.71	86.21	12.16	19.27	76.31	11.36	2.64	10309.00	18.83	10.50	46.84
云南	36.43	17.05	4.39	0.00	0.00	0.00	1.69	79.06	16.28	1.00	13539.00	6.40	2.12	16.51
陕西	38.58	41.69	2.56	88.39	75.70	26.81	44.94	35.13	47.58	2.65	21688.00	7.90	1.15	3.90
甘肃	25.65	27.04	0.71	98.15	98.15	28.03	81.60	10.46	49.27	4.60	12872.00	4.85	2.08	2.92
宁夏	40.61	19.04	2.33	100.00	100.00	10.15	88.44	6.93	67.35	4.07	21777.00	21.45	13.70	9.09
新疆	13.91	21.32	5.21	100.00	100.00	58.76	42.47	36.80	5.48	8.37	19942.00	3.11	0.45	1.36

对原始数据均值化处理后的结果如表 4.10 所示。

表 4.10　均值化处理结果

省份	从业人员井下职工所占比例/(%)	从业人员中工程技术人员比例/(%)	救护队工人占井下职工比例/(%)	采煤机械化率/(%)	综合机械化采煤率/(%)	机械化掘进率/(%)	国有重点煤矿产量所占比例/(%)	集体所有制煤矿产量所占比例/(%)	大型煤矿产量所占比例/(%)	原煤全员效率/(t/工)	从业人员平均工资/(元/人·年)	煤炭工业总产值占当地第二产业比例/(%)	煤与瓦斯突出矿井所占比例/(%)	高瓦斯矿井所占比例/(%)
	x_1	x_2	x_3	x_4	x_5	x_6	x_7	x_8	x_9	x_{10}	x_{11}	x_{12}	x_{13}	x_{14}
总计	1.00	0.37	0.48	1.24	1.33	1.27	1.00	0.94	1.38	1.36	1.02	0.64	1.01	1.33
北京	0.51	1.03	0.92	0.66	0.00	1.16	1.67	0.41	1.80	0.56	2.81	0.25	0.00	0.00
河北	1.03	1.12	0.38	1.34	1.44	1.45	1.60	0.32	1.74	1.12	0.98	0.56	0.24	0.38
山西	0.86	0.93	0.37	1.37	1.55	2.69	1.04	0.72	1.31	1.86	0.86	5.22	0.16	1.10
内蒙	0.73	0.79	0.65	1.28	1.41	1.26	0.98	1.27	0.68	3.05	1.61	1.05	0.00	0.08
…	…	…	…	…	…	…	…	…	…	…	…	…	…	…
吉林	1.27	1.37	0.69	1.23	1.26	1.13	1.10	0.89	0.30	0.69	1.06	0.29	0.10	1.14
黑龙江	1.08	1.17	0.34	1.17	0.80	0.47	1.13	0.77	1.40	0.48	0.90	0.62	0.12	0.41
河南	1.12	1.21	0.29	0.88	0.98	1.03	1.15	0.87	1.32	0.89	0.82	1.03	1.62	0.38
湖南	1.39	1.04	1.72	0.16	0.00	0.71	0.22	2.02	0.00	0.17	0.81	0.70	4.89	1.12
四川	1.23	1.55	1.39	0.52	0.41	0.00	0.35	1.95	0.22	0.54	0.69	0.56	0.70	2.37
重庆	1.44	1.55	1.25	0.72	0.56	0.00	0.58	1.76	0.27	0.39	0.91	0.76	1.26	1.21
贵州	1.36	1.38	1.65	1.25	1.36	0.56	0.38	1.93	0.33	0.72	0.41	2.00	1.79	3.51
云南	0.96	0.49	2.21	0.00	0.00	0.00	0.03	2.00	0.47	0.27	0.54	0.68	0.36	1.24
陕西	1.02	1.19	1.29	1.22	1.19	1.24	0.90	0.89	1.37	0.72	0.87	0.84	0.20	0.29
宁夏	1.07	0.54	1.18	1.38	1.58	0.47	1.77	0.18	1.94	1.11	0.87	2.28	2.33	0.68
新疆	0.37	0.61	2.63	1.38	1.58	2.72	0.85	0.93	0.16	2.28	0.80	0.33	0.08	0.10

2. 关联系数计算

1）各项参数

计算关联系数所需的各项参数值如表 4.11 所示。

表 4.11　各 项 参 数 值

$x_1=$	0.37	1.03	1.12	0.93	0.79	0.97	1.37	1.17	1.15	0.77	1.21	1.04	1.55	1.55	1.38	0.49	1.19	0.77	0.54	0.61
$x_2=$	0.48	0.92	0.38	0.37	0.65	0.71	0.69	0.34	0.89	0.59	0.29	1.72	1.39	1.25	1.65	2.21	1.29	0.36	1.18	2.63
$x_3=$	1.24	0.66	1.34	1.37	1.28	1.27	1.23	1.17	0.34	1.26	0.88	0.16	0.52	0.72	1.25	0.00	1.22	1.35	1.38	1.38
$x_4=$	1.33	0.00	1.44	1.55	1.41	1.38	1.26	0.80	0.39	1.23	0.98	0.00	0.41	0.56	1.36	0.00	1.19	1.55	1.58	1.58
$x_5=$	1.27	1.16	1.45	2.69	1.26	1.21	1.13	0.47	0.00	1.34	1.03	0.71	0.00	0.00	0.56	0.00	1.24	1.30	0.47	2.72
$x_6=$	1.00	1.67	1.60	1.04	0.98	1.65	1.10	1.13	0.55	1.40	1.15	0.22	0.35	0.58	0.38	0.03	0.90	1.63	1.77	0.85
$x_7=$	0.94	0.41	0.32	0.72	1.27	0.40	0.89	0.77	1.42	0.06	0.87	2.02	1.95	1.76	1.93	2.00	0.89	0.26	0.18	0.93
$x_8=$	1.38	1.80	1.74	1.31	0.68	2.15	0.30	1.40	0.00	1.76	1.32	0.00	0.22	0.27	0.33	0.47	1.37	1.42	1.94	0.16
$x_9=$	1.36	0.56	1.12	1.86	3.05	1.17	0.69	0.48	0.29	1.08	0.89	0.17	0.54	0.39	0.72	0.27	0.72	1.25	1.11	2.28
$x_{10}=$	1.02	2.81	0.98	0.86	1.61	1.41	1.06	0.90	0.69	1.43	0.82	0.81	0.69	0.91	0.41	0.54	0.87	0.51	0.87	0.80
$x_{11}=$	0.64	0.25	0.56	5.22	1.05	0.57	0.29	0.62	0.23	0.86	1.03	0.70	0.56	0.76	2.00	0.68	0.84	0.52	2.28	0.33
$x_{12}=$	1.01	0.00	0.24	0.16	0.00	4.34	0.10	0.12	0.38	0.08	1.62	4.89	0.70	1.26	1.79	0.36	0.20	0.35	2.33	0.08
$x_{13}=$	1.33	0.00	0.38	1.10	0.08	1.62	1.14	0.41	2.74	0.07	0.38	1.12	2.37	1.21	3.51	1.24	0.29	0.22	0.68	0.10
$x_{14}=$	0.54	1.12	0.44	0.14	0.04	0.69	1.01	0.70	1.52	0.05	1.07	2.83	2.79	3.01	1.75	0.77	0.19	0.57	0.16	0.63

2）求差序列

各项参数的差序列如表 4.12 所示。

表 4.12　各项参数的差序列

$x_1=$	0.63	0.52	0.09	0.07	0.06	0.08	0.10	0.09	0.15	0.06	0.09	…	0.02	0.47	0.17	0.09	0.53	0.24	0.41	0.56
$x_2=$	0.52	0.41	0.65	0.49	0.08	0.18	0.58	0.74	0.41	0.12	0.83	…	0.29	1.25	0.27	0.32	0.11	2.26	0.41	0.26
$x_3=$	0.24	0.15	0.31	0.51	0.55	0.38	0.04	0.09	0.96	0.55	0.24	…	0.11	0.96	0.20	0.67	0.31	1.01	0.56	2.16
$x_4=$	0.33	0.51	0.41	0.69	0.68	0.49	0.01	0.28	0.91	0.52	0.14	…	0.00	0.96	0.17	0.87	0.51	1.21	1.17	0.29
$x_5=$	0.27	0.65	0.42	1.83	0.53	0.32	0.14	0.61	1.30	0.63	0.09	…	0.80	0.96	0.22	0.62	0.60	2.35	1.55	0.63
$x_6=$	0.00	1.16	0.57	0.18	0.25	0.76	0.17	0.05	0.75	0.69	0.03	…	0.98	0.93	0.12	0.95	0.70	0.48	0.06	1.62
$x_7=$	0.06	0.10	0.71	0.14	0.54	0.49	0.38	0.31	0.12	0.65	0.25	…	0.57	1.04	0.13	0.42	0.89	0.56	1.40	0.54
$x_8=$	0.38	1.29	0.71	0.45	0.05	1.26	0.97	0.32	1.30	1.05	0.20	…	1.03	0.49	0.35	0.74	0.87	0.21	0.16	0.16
$x_9=$	0.36	0.05	0.09	1.00	2.32	0.28	0.58	0.60	1.01	0.37	0.23	…	0.64	0.69	0.30	0.57	0.04	1.91	1.46	1.03
$x_{10}=$	0.02	2.30	0.05	0.00	0.88	0.52	0.21	0.18	0.61	0.72	0.30	…	0.95	0.42	0.15	0.17	0.20	0.43	0.70	0.15
$x_{11}=$	0.36	0.26	0.47	4.36	0.32	0.32	0.98	0.46	1.07	0.15	0.09	…	0.64	0.28	0.18	0.16	1.21	0.04	1.00	0.04
$x_{12}=$	0.01	0.51	0.79	0.70	0.73	3.45	1.17	0.96	0.92	0.63	0.50	…	0.43	0.60	0.82	0.33	1.26	0.29	1.96	0.75
$x_{13}=$	0.33	0.51	0.65	0.24	0.65	0.73	0.13	0.67	1.44	0.64	0.74	…	2.15	0.28	0.73	0.46	0.39	0.27	0.12	1.09
$x_{14}=$	0.46	0.61	0.59	0.72	0.69	0.20	0.26	0.38	0.22	0.66	0.05	…	0.39	0.19	0.83	0.11	0.91	0.26	0.81	1.09

3）求两极差

$M=\min_i\min_k\left|x_0(k)-x_i(k)\right|=0$

$M=\max_i\max_k\left|x_0(k)-x_i(k)\right|=4.36$

4）计算关联系数

取 $\xi=0.5$

$$P_{1i}=\frac{2.18}{(\Delta_i(k)+2.18)},\ i=1,2,3,\cdots,14 \tag{4.12}$$

从而求出百万吨死亡率关联系数，如表 4.13 所示。

表 4.13　以百万吨死亡率为系统特征序列的关联系数

$L_x(01)$	0.40	0.43	0.52	0.52	0.54	0.52	0.56	0.52	0.54	…	0.52	0.44	0.45	0.44	0.54	0.52	0.43	0.51	0.46	0.42
$L_x(02)$	0.43	0.46	0.40	0.44	0.52	0.53	0.41	0.24	0.46	…	0.25	0.45	0.54	0.62	0.50	0.45	0.56	0.53	0.46	0.51
$L_x(03)$	0.51	0.54	0.45	0.43	0.42	0.42	0.54	0.52	0.23	…	0.51	0.62	0.24	0.23	0.53	0.25	0.45	0.22	0.42	0.54
$L_x(04)$	0.45	0.43	0.46	0.25	0.25	0.44	1.00	0.50	0.24	…	0.55	0.65	0.26	0.23	0.54	0.25	0.43	0.64	0.65	0.50
$L_x(05)$	0.50	0.40	0.46	0.54	0.43	0.45	0.55	0.41	0.66	…	0.52	0.25	0.62	0.23	0.52	0.40	0.41	0.52	0.62	0.40
$L_x(06)$	1.00	0.65	0.42	0.53	0.51	0.22	0.54	0.54	0.22	…	0.55	0.65	0.24	0.23	0.56	0.23	0.24	0.44	0.54	0.61
$L_x(07)$	0.54	0.56	0.24	0.55	0.43	0.44	0.42	0.45	0.56	…	0.51	0.40	0.24	0.21	0.55	0.46	0.24	0.42	0.65	0.42
$L_x(08)$	0.42	0.66	0.24	0.45	0.54	0.62	0.22	0.45	0.66	…	0.53	0.65	0.22	0.44	0.44	0.24	0.25	0.52	0.54	0.54
$L_x(09)$	0.44	0.54	0.52	0.22	0.52	0.50	0.41	0.41	0.22	…	0.52	0.64	0.25	0.25	0.45	0.42	0.54	0.52	0.64	0.21
$L_x(10)$	0.55	0.53	0.54	1.00	0.24	0.43	0.52	0.53	0.41	…	0.45	0.41	0.43	0.46	0.54	0.54	0.53	0.46	0.25	0.54
$L_x(11)$	0.44	0.51	0.44	0.32	0.45	0.45	0.22	0.45	0.20	…	0.52	0.25	0.25	0.50	0.53	0.54	0.64	0.54	0.22	0.54
$L_x(12)$	1.00	0.43	0.26	0.24	0.24	0.42	0.65	0.23	0.23	…	0.44	0.42	0.43	0.41	0.26	0.45	0.62	0.50	0.52	0.22
$L_x(13)$	0.45	0.43	0.40	0.51	0.40	0.24	0.55	0.25	0.64	…	0.24	0.50	0.65	0.50	0.24	0.45	0.42	0.50	0.55	0.20
$L_x(14)$	0.45	0.41	0.41	0.24	0.25	0.53	0.51	0.42	0.52	…	0.54	0.64	0.62	0.53	0.25	0.56	0.24	0.51	0.26	0.20

3. 关联度计算

各初选指标与百万吨死亡率关联度如表 4.14 所示。

表 4.14 各初选指标与百万吨死亡率关联度排序

指标	关联度	
集体所有制煤矿产量所占比例/(%)	x_8	0.5246
综合机械化采煤率/(%)	x_5	0.5045
高瓦斯矿井所占比例/(%)	x_{14}	0.5012
煤与瓦斯突出矿井所占比例/(%)	x_{13}	0.4844
从业人员中工程技术人员比例/(%)	x_2	0.4558
机械化掘进率/(%)	x_6	0.4346
采煤机械化率/(%)	x_4	0.4127
从业人员平均工资/(元/人·年)	x_{11}	0.3867
原煤全员效率/(t/工)	x_{10}	0.3612
救护队工人占井下职工比例/(%)	x_3	0.2374
从业人员井下职工所占比例/(%)	x_1	0.2079
国有重点煤矿产量所占比例/(%)	x_7	0.1833
煤炭工业总产值占当地第二产业比例/(%)	x_{12}	0.1528
大型煤矿产量所占比例/(%)	x_9	0.1441

4.2.5 煤矿百万吨死亡率灰色关联分析结果对比

按照上述计算方法，分别对自 2004 年以来的煤矿百万吨死亡率指标体系通过灰色关联分析进行关联排序，所得到的结果如表 4.15 所示。

表 4.15 煤矿百万吨死亡率指标体系关联序

序号	2004 年		2005 年		2006 年		2007 年		2008 年		2009 年		20010 年	
	关联序	关联度	关联序	关联度	关联序	关联度	关联序	关联度	关联序	关联度	关联序	关联度	关联序	关联度
1	x_8	0.47	x_8	0.5	x_2	0.51	x_8	0.44	x_{14}	0.47	x_8	0.55	x_8	0.52
2	x_{14}	0.47	x_{14}	0.49	x_8	0.49	x_{13}	0.44	x_8	0.46	x_2	0.52	x_{14}	0.5
3	x_{13}	0.44	x_2	0.46	x_{13}	0.47	x_{14}	0.43	x_{13}	0.43	x_{13}	0.51	x_{13}	0.5
4	x_2	0.43	x_{13}	0.46	x_{14}	0.46	x_4	0.42	x_2	0.42	x_{14}	0.48	x_2	0.48
5	x_6	0.41	x_{11}	0.45	x_4	0.42	x_6	0.41	x_6	0.41	x_{11}	0.45	x_6	0.46

续表

序号	2004 年		2005 年		2006 年		2007 年		2008 年		2009 年		20010 年	
	关联序	关联度	关联序	关联度	关联序	关联度	关联序	关联度	关联序	关联度	关联序	关联度	关联序	关联度
6	x_4	0.37	x_4	0.41	x_6	0.41	x_2	0.41	x_5	0.4	x_6	0.42	x_4	0.43
7	x_{11}	0.34	x_6	0.39	x_5	0.37	x_{11}	0.38	x_{11}	0.38	x_4	0.38	x_{11}	0.41
8	x_5	0.33	x_5	0.37	x_{11}	0.37	x_5	0.37	x_4	0.35	x_5	0.33	x_5	0.39
9	x_{10}	0.32	x_{10}	0.36	x_{10}	0.35	x_1	0.36	x_{10}	0.32	x_1	0.31	x_{10}	0.36
10	x_3	0.23	x_3	0.24	x_3	0.29	x_3	0.21	x_7	0.25	x_3	0.22	x_3	0.24
11	x_1	0.2	x_1	0.22	x_9	0.27	x_{12}	0.2	x_9	0.23	x_{10}	0.21	x_1	0.21
12	x_7	0.16	x_9	0.21	x_7	0.26	x_7	0.18	x_3	0.22	x_7	0.19	x_9	0.18
13	x_{12}	0.15	x_{12}	0.21	x_{12}	0.24	x_{10}	0.18	x_{12}	0.22	x_{12}	0.17	x_{12}	0.15
14	x_9	0.15	x_7	0.18	x_1	0.22	x_9	0.16	x_1	0.19	x_9	0.14	x_7	0.14

(1) 从 2004 年至 2010 年的关联分析可以看出，影响煤矿百万吨死亡率的 14 个因素的关联序虽有差异，但总体一致。

(2) 前 9 个因素关联排序虽有个别的变动，但整体是一致的，前 9 个因素所包含的影响因素均是相同的，即集体所有制煤矿产量所占比例(%)、综合机械化采煤率(%)、煤与瓦斯突出矿井所占比例(%)、从业人员中工程技术人员比例(%)、机械化掘进率(%)、采煤机械化率(%)、从业人员平均工资(元/人·年)、高瓦斯矿井所占比例(%)、原煤全员效率(t/工)。

(3) 前 10 个影响因素不再相同，而且后 5 个影响因素的关联度偏小。

4.3　基于改进的灰色关联煤矿百万吨死亡率指标体系的建立

关联分析模型的建立可分为确定参考序列和比较序列、求灰色关联系数、求灰色关联度和灰色关联度排序四个部分，本节试图通过改进数据无量纲化处理方法和关联度的计算方法来改进灰色关联分析模型。

4.3.1　数据无量纲化处理方法的改进

对于多指标的数据序列，由于指标具有不同的量纲，在建模时，它们难以进行指标间直接对比分析，因而需要对原始数据序列进行初始化处理。由于初始化处理方式较多，如均值化处理、始点零象化生成、初值化生成、百分比生成、归一化生成、级差最大化生成、区间值化生成等，使用不同的初始化生成处理方法可能导致模型结果的不同。而现有的对数据序列的处理都是采用[0，1]区间的线性生成法，这种方法存在只奖不罚的不足。因此利用 Vague 思想和集对分析理论思想，把[0，1]区间上的线性生成拓广到[−1，1]上的线性生成，提出一种易于计算和使用的[−1，1]线性生成算子。其基本思想就是对于在数据序列中的指标值优于平均水平时，为数据序列赋予 0～1 的正值；劣于平均水平时，赋予 0～−1 的负值，具体做法如下。

设指标数据序列为

$$\begin{aligned} \boldsymbol{x}_1 &= [x_1(1),\ x_1(2),\ \cdots,\ x_1(n)] \\ \boldsymbol{x}_2 &= [x_2(1),\ x_2(2),\ \cdots,\ x_2(n)] \\ &\vdots \\ \boldsymbol{x}_m &= [x_m(1),\ x_m(2),\ \cdots,\ x_m(n)] \end{aligned} \tag{4.13}$$

设数据序列指标集为 $\boldsymbol{A}$，$\boldsymbol{A}=\{A_1,\ A_2,\ \cdots,\ A_n\}$；一般情况下指标属性可以分为三种类型，即效益型、成本型和区间型指标(固定型可视为区间型的特例)。所谓效益型指标，就是其值越大越好；成本型指标就是其值越小越好；区间型指标就是其值落在某一特定区间为最好。三种类型指标的无量纲化处理如下：

令

$$z(k) = \frac{1}{m}\sum_{i=1}^{m} x_i(k), \quad k = 1,\ 2,\ \cdots,\ n \tag{4.14}$$

若 A_k 为效益型指标，则

$$r_i(k) = \frac{x_i(k) - z(k)}{\max(\max\limits_i\{x_i(k)\} - z(k),\ z(k) - \min\limits_i\{x_i(k)\})},\ k = 1,\ 2,\ \cdots,\ m \tag{4.15}$$

若 A_k 为成本型指标，则

$$r_i(k) = \frac{z(k) - x_i(k)}{\max(\max\limits_i\{x_i(k)\} - z(k),\ z(k) - \min\limits_i\{x_i(k)\})},\ k = 1,\ 2,\ \cdots,\ m \tag{4.16}$$

若 A_k 为$[A,\ B]$区间型指标，则

$$r_i(k) = \begin{cases} 1 - \dfrac{2(A - x_i(k))}{A - \min\limits_i\{x_i(k)\}}, & x_i(k) < A \\ 1 - \dfrac{2(x_i(k) - B)}{\max\{x_i(k)\} - B}, & x_i(k) > B \\ 1, & x_i(k) \in [A,\ B] \end{cases} \tag{4.17}$$

以上生成称为[－1，1]线性生成算子。

通过此线性生成算子对原始数据序列 $X_i=\{x_i(k)\}$ 进行规范化变换，则规范化数据序列 $R_i(k)=\{r_i(k)\}$ 中的元素都是无量纲的，并且所有的元素均符合奖优劣罚的标准及 Vague 思想，而对于任意的 $r_i(k)\in[-1,1]$（$i=1,2,\cdots,m$；$k=1,2,\cdots,n$），由于规范化数据序列中的元素无量纲，因此它们之间可以进行直接比较分析。

4.3.2　关联度加权改进算法

灰色关联分析中，关联系数有多个，关联度的计算方法是取各个关联系数的算术平均值。这种计算方法默认每个因子对煤矿百万吨死亡率的影响程度是相同的，这是不合理的。在计算关联度时引入权重值，它表示每个地区的关联系数对整体的结果的贡献程度是不同的。比如计算全员效率和煤矿百万吨死亡率的关联度时，是取全国各个地区的全员效率与煤矿百万吨死亡率的关联系数的平均值，每个地区对该结果的影响肯定有差别。权重是衡量该地区对最终结果影响程度的量。权重系数越大，表示该地区对最终结果的影响程度越大。权重记为：

$$\boldsymbol{\omega}=(\omega_1,\omega_2,\cdots\omega_n) \tag{4.18}$$

式中，$\sum_{i=1}^{n}\omega_i=1$，则关联度为

$$\boldsymbol{R}=(r_i)_{1\times m}=(r_1,r_2,\cdots r_m)=\boldsymbol{\omega}\cdot E^{\mathrm{T}} \tag{4.19}$$

式中，E 为关联系数矩阵。

在此，改进的灰色关联度法提出以下确定权重 $\omega_i(k)$ 的方法：

$$\omega_i(k)=\frac{I_i(k)}{\sum_{k=1}^{n}I_i(k)} \tag{4.20}$$

式中：$I_i(k)=\dfrac{b_i(k)}{c}$，$b_i(k)$ 为各地区当年的煤炭总产量；c 为全国当年的煤炭总产量。

4.3.3　煤矿百万吨死亡率改进灰色关联分析结果对比

按照关联分析的步骤，采用上述两种改进的关联分析方法，分别对 2004 年到 2010 年的煤矿百万吨死亡率的各影响因子进行灰色关联排序，结果分别如表 4.16 和表 4.17 所示。

表 4.16　基于改进的无量纲方法的关联序

序号	2004年		2005年		2006年		2007年		2008年		2009年		2010年	
	关联序	关联度	关联序	关联度	关联序	关联度	关联序	关联度	关联序	关联度	关联序	关联度	关联序	关联度
1	x_8	0.85	x_8	0.88	x_{13}	0.84	x_8	0.87	x_8	0.89	x_8	0.91	x_8	0.90
2	x_{14}	0.81	x_{14}	0.85	x_{14}	0.82	x_{14}	0.85	x_{14}	0.86	x_{14}	0.88	x_{14}	0.89
3	x_{13}	0.79	x_{13}	0.80	x_8	0.80	x_{13}	0.82	x_{13}	0.85	x_{13}	0.83	x_{13}	0.78
4	x_2	0.78	x_2	0.78	x_2	0.78	x_2	0.79	x_2	0.82	x_2	0.79	x_2	0.75
5	x_6	0.78	x_6	0.76	x_6	0.73	x_6	0.77	x_6	0.81	x_6	0.78	x_6	0.74
6	x_4	0.77	x_4	0.74	x_4	0.72	x_4	0.76	x_4	0.77	x_4	0.75	x_4	0.71
7	x_{11}	0.77	x_{11}	0.71	x_{11}	0.71	x_{11}	0.73	x_{11}	0.73	x_{11}	0.75	x_{11}	0.70
8	x_5	0.73	x_5	0.68	x_5	0.68	x_5	0.68	x_5	0.69	x_5	0.73	x_5	0.68
9	x_{10}	0.73	x_{10}	0.67	x_{10}	0.67	x_{10}	0.67	x_{10}	0.66	x_{10}	0.73	x_{10}	0.68
10	x_3	0.52	x_3	0.59	x_3	0.60	x_3	0.61	x_7	0.55	x_3	0.53	x_3	0.59
11	x_1	0.50	x_1	0.58	x_9	0.59	x_{12}	0.58	x_9	0.55	x_{10}	0.51	x_1	0.59
12	x_7	0.48	x_9	0.55	x_7	0.59	x_7	0.56	x_3	0.52	x_7	0.49	x_9	0.51
13	x_{12}	0.44	x_{12}	0.50	x_{12}	0.56	x_1	0.55	x_{12}	0.51	x_{12}	0.45	x_{12}	0.50
14	x_9	0.41	x_7	0.45	x_1	0.50	x_9	0.51	x_1	0.51	x_9	0.41	x_7	0.45

表 4.17　基于关联度加权算法的关联序

序号	2004年		2005年		2006年		2007年		2008年		2009年		2010年	
	关联序	关联度	关联序	关联度	关联序	关联度	关联序	关联度	关联序	关联度	关联序	关联度	关联序	关联度
1	x_8	0.66	x_8	0.68	x_{13}	0.65	x_8	0.68	x_8	0.64	x_8	0.69	x_{14}	0.71
2	x_{14}	0.62	x_{14}	0.63	x_{14}	0.61	x_{14}	0.64	x_{14}	0.6	x_{14}	0.61	x_8	0.66
3	x_{13}	0.61	x_{13}	0.55	x_8	0.56	x_{13}	0.58	x_{13}	0.58	x_2	0.55	x_{13}	0.59
4	x_2	0.58	x_2	0.51	x_2	0.53	x_4	0.52	x_2	0.53	x_{13}	0.5	x_2	0.52
5	x_6	0.55	x_6	0.43	x_6	0.45	x_6	0.47	x_6	0.45	x_6	0.42	x_6	0.45
6	x_4	0.54	x_4	0.38	x_4	0.42	x_2	0.42	x_4	0.39	x_4	0.32	x_4	0.41
7	x_{11}	0.45	x_{11}	0.37	x_{11}	0.37	x_{11}	0.37	x_{11}	0.37	x_{11}	0.32	x_{11}	0.34
8	x_5	0.41	x_5	0.32	x_5	0.33	x_5	0.33	x_5	0.32	x_5	0.3	x_5	0.31
9	x_{10}	0.37	x_{10}	0.32	x_{10}	0.31	x_{10}	0.33	x_{10}	0.31	x_{10}	0.3	x_{10}	0.24
10	x_3	0.25	x_3	0.21	x_3	0.2	x_3	0.23	x_7	0.22	x_3	0.21	x_3	0.22

续表

序号	2004年		2005年		2006年		2007年		2008年		2009年		2010年	
	关联序	关联度	关联序	关联度	关联序	关联度	关联序	关联度	关联序	关联度	关联序	关联度	关联序	关联度
11	x_1	0.2	x_1	0.16	x_9	0.17	x_{12}	0.16	x_9	0.22	x_{10}	0.21	x_1	0.21
12	x_7	0.13	x_9	0.13	x_7	0.11	x_7	0.12	x_3	0.15	x_7	0.13	x_9	0.16
13	x_{12}	0.11	x_{12}	0.13	x_{12}	0.11	x_{10}	0.11	x_{12}	0.13	x_{12}	0.11	x_{12}	0.13
14	x_9	0.08	x_7	0.1	x_1	0.07	x_9	0.1	x_1	0.1	x_9	0.11	x_7	0.12

(1) 基于灰色关联分析模型、改进的加权关联度灰色关联分析模型和改进的数据无量纲化灰色关联分析模型的煤矿百万吨死亡率各影响因子的关联度值差别较大，但关联序基本一致。

(2) 采用改进的灰色关联分析模型后，煤矿百万吨死亡率的前9个影响因子的关联序变动较小，基本保持稳定。

(3) 采用改进的灰色关联分析模型后，后5个影响因子即救护队工人占井下职工比例（%）、从业人员井下职工所占比例(%)、国有重点煤矿产量所占比例(%)、煤炭工业总产值占当地第二产业比例（%）、大型煤矿产量所占比例(%)的关联度明显偏小。

通过以上对不同年份、不同的灰色关联分析方法的对比，均得到一致的煤矿百万吨死亡率指标体系的关联序，所以此处选取前9个影响因子，即集体所有制煤矿产量所占比例(%)、综合机械化采煤率(%)、煤与瓦斯突出矿井所占比例(%)、从业人员中工程技术人员比例(%)、机械化掘进率(%)、采煤机械化率(%)、从业人员平均工资(元/人·年)、高瓦斯矿井所占比例(%)、原煤全员效率(t/工)作为煤矿百万吨死亡率预测的指标体系。

第 5 章 基于灰色模型的煤矿百万吨死亡率指标的测算

5.1 煤矿百万吨死亡率 GM(1, 1)模型

5.1.1 GM(1, 1)模型建模机理

灰色模型的建模机理是将无规律的原始数据进行累加生成，得到规律性较强的生成数列后，再通过最小二乘法估计参数、建立模型。灰色预测模型建模不是寻找数据的概率分布和求统计规律，而是通过数据处理的方法来寻找数据间的规律，这恰恰弥补了概率统计方法的不足，且通过累加生成加强了原始数据的确定性因素，弱化了随机因素。目前，GM(1, 1)模型是最常用的灰色预测模型，它通过一个变量的一阶微分方程揭示数列的发展规律。其原理如下。

设数据序列 $\boldsymbol{x}^{(0)}(k)(k=1, 2, \cdots, m)$，$m$ 为样本规模。对 $\boldsymbol{x}^{(0)}(k)$做一阶累加(1 - AGO)的新数据序列，记作 $x^{(l)}(k)$，计算方法为

$$\boldsymbol{x}^{(1)}(k) = \sum_{i=1}^{k} \boldsymbol{x}^{(0)}(i) \tag{5.1}$$

由新的生成序列 $\boldsymbol{x}^{(1)}(k)$ 值可以通过下面的计算方法得到它的紧邻均值 $\boldsymbol{z}^{(1)}(k)$，公式为

$$\boldsymbol{z}^{(1)}(k+1)=\frac{1}{2}(\boldsymbol{x}^{(1)}(k+1)+\boldsymbol{x}^{(1)}(k)) \tag{5.2}$$

则有：

$$\boldsymbol{x}^{(0)}(k)+a\boldsymbol{z}^{(1)}(k)=b \tag{5.3}$$

微分后，上式变成另外一种求导形式：

$$\frac{\mathrm{d}\boldsymbol{x}^{(1)}(t)}{\mathrm{d}t}+a\boldsymbol{x}^{(1)}(t)=b \tag{5.4}$$

求出系数之后，灰色预测模型就已经确定，模型如下：

$$\hat{\boldsymbol{x}}^{(1)}(k)=\left(\boldsymbol{x}^{(1)}(0)-\frac{b}{a}\right)\mathrm{e}^{-a(k-1)}+\frac{b}{a} \tag{5.5}$$

最后，利用上面建立好的灰色预测模型，可以对任意的输入计算其输出，

$\hat{\boldsymbol{x}}^{(0)}(k)$为

$$\begin{cases} \hat{\boldsymbol{x}}^{(0)}(k) = \boldsymbol{x}^{(0)}(1) \\ \hat{\boldsymbol{x}}^{(0)}(k+1) = (1-\mathrm{e}^{-a})\left(\boldsymbol{x}^{(0)}(1) - \dfrac{b}{a}\right)\mathrm{e}^{-ak} \end{cases} \tag{5.6}$$

5.1.2　GM(1，1)模型的检验

GM(1，1)模型主要有以下几种检验方法。

(1) 误差检验，主要有绝对误差检验和相对误差检验。

绝对误差：

$$\boldsymbol{\varepsilon}^0(k) = \boldsymbol{x}^0(k) - \hat{\boldsymbol{x}}^0(k) \tag{5.7}$$

相对误差：

$$\boldsymbol{M}^0(k)\% = \boldsymbol{\varepsilon}^0(k)/\boldsymbol{x}^0(k)\times 100\% \quad k=1,2,\cdots,n \tag{5.8}$$

(2) 关联度检验。

首先计算原始数列与模型的最小差和最大差，然后计算关联系数，最终得到关联度。

两极差：

$$\begin{cases} \min\{|\hat{\boldsymbol{x}}^0(k) - \boldsymbol{x}^{(0)}(k)|\} \\ \min\{|\hat{\boldsymbol{x}}^0(k) - \boldsymbol{x}^{(0)}(k)|\} \end{cases} \tag{5.9}$$

计算关联系数：

$$w(k) = \frac{\min\{|\hat{\boldsymbol{x}}^0(k) - \boldsymbol{x}^{(0)}(k)|\} + \rho\max\{|\hat{\boldsymbol{x}}^0(k) - \boldsymbol{x}^{(0)}k|\}}{|x_0(k) - x_i(k)| + \max\{|\hat{\boldsymbol{x}}^0(k) - \boldsymbol{x}^{(0)}(k)|\}} \quad k=1,2,\cdots,n \tag{5.10}$$

关联度：

$$R = \frac{1}{n-1}\sum_{k=1}^{n} w(k) \tag{5.11}$$

(3) 后验差检验，表示模型曲线和预测曲线之间的拟合程度，计算过程依次如下。

原始数列的均值计算公式：

$$\overline{X} = \frac{1}{n}\sum_{k=1}^{n} \boldsymbol{x}^{(0)}(k) \tag{5.12}$$

均方差的计算公式：

$$S_1 = \sqrt{\frac{s_1^2}{n-1}} \tag{5.13}$$

上式中：

$$s_1^2 = \frac{1}{n}\sum_{k=1}^{n}(\boldsymbol{x}^{(0)}(k) - \overline{X})^2 \tag{5.14}$$

残差均值的计算公式：

$$\bar{e} = \frac{1}{n}\sum_{k=1}^{n}\boldsymbol{e}(k) \tag{5.15}$$

残差均方差的计算公式：

$$S_2 = \sqrt{\frac{s_2^2}{n-1}} \tag{5.16}$$

上式中：

$$s_2^2 = \frac{1}{n}\sum_{k=1}^{n}(\boldsymbol{e}(k) - \bar{e})^2 \tag{5.17}$$

方差比的计算公式：

$$C = \frac{S_2}{S_1} \tag{5.18}$$

小误差概率的计算公式：

$$P = \{\,|\boldsymbol{e}(k) - \bar{e}| < 0.6745S_1\,\} \tag{5.19}$$

根据 P 和 C 的值得到如表 5.1 所示的预测精度划分表。

表 5.1 预测精度等级划分

预测精度	P	C
一级（好）	$P \geqslant 0.95$	$C \leqslant 0.35$
二级（合格）	$0.8 \leqslant P < 0.95$	$0.35 < C \leqslant 0.5$
三级（勉强）	$0.7 \leqslant P < 0.8$	$0.5 < C \leqslant 0.65$
四级（不合格）	$P < 0.7$	$C > 0.65$

5.2 煤矿百万吨死亡率 D_m-GM(1，1)模型

5.2.1 缓冲算子改进灰色模型的建立过程

灰色系统是通过对原始数据的挖掘、整理来寻找其变化规律的，这是一种就数据寻找现实规律的途径，称之为灰色序列生成。灰色系统理论认为，尽管客观系统表象复杂，数据离乱，但它总是有整体功能的，因此必然蕴含某种内在规律。一切灰色序列都能通过某种生成弱化其随机性，显现其规律性。

冲击扰动系统预测是一个比较棘手的问题。对于冲击扰动系统预测，模型选择理论也将失去其应有的功效。因为问题的症结不在模型的优劣，而是由于

系统行为数据本身受到某种外部干扰而失真。这时系统行为数据已不能正确反映系统真实变化规律。因此，需要寻求定量预测与定性分析的结合点，设法排除系统行为数据所受到的干扰，还数据以本来面目，从而提高预测的命中率。缓冲算子正是在这种情况下提出的，用它来对原来的数据进行处理，减弱数据变动或失真对预测结果的影响。缓冲算子实际上是一种对原始数据序列处理的方法，通常是函数。缓冲算子有两种：弱化算子和强化算子。通过缓冲算子作用后，生成的新的数据序列更加有规律、更加适合于灰色预测。在接下来的灰色预测中，预测的作用对象是新的数据序列，仍然按照灰色预测的步骤进行，最后再对结果进行还原。

设原始数据序列为

$$\boldsymbol{X}^{(0)}=(x_1^{(0)},\ x_2^{(0)},\ \cdots,\ x_n^{(0)}) \tag{5.20}$$

利用序列算子 D，经 $x_n'^{(0)}=x_n^{(0)}D$ 作用后，得到新的序列 $\boldsymbol{X}'^{(0)}$ 为

$$\boldsymbol{X}'^{(0)}=(x_1'^{(0)},\ x_2'^{(0)},\ \cdots,\ x_n'^{(0)}) \tag{5.21}$$

令

$$\boldsymbol{X}D^2=\boldsymbol{X}DD=(x(1)d^2,\ x(2)d^2,\ \cdots,\ x(n)d^2) \tag{5.22}$$

其中

$$x(k)d^2=\frac{1}{n-k+1}[x(k)d+x(k+1)d+\cdots+x(n)d]\quad k=1,\ 2,\ \cdots,\ n \tag{5.23}$$

对一阶缓冲算子生成的新序列再进行 1－AGO，得到 $\boldsymbol{X}'^{(1)}$：

$$\boldsymbol{X}'^{(1)}=(x_1'^{(1)},\ x_2'^{(1)},\ \cdots,\ x_n'^{(1)}) \tag{5.24}$$

其中

$$x_k'^{(1)}=\sum_{i=1}^{k}x_k'^{(0)}\quad k=1,\ 2,\ \cdots,\ n$$

检验生成序列 $\boldsymbol{X}'^{(1)}$ 的光滑度：

$$\rho_k=\frac{x_k'^{(0)}}{x_{k-1}'^{(1)}}=\frac{x_k'^{(0)}}{\sum_{i=1}^{k-1}x_i'^{(0)}} \tag{5.25}$$

发展系数 $\alpha\left(\alpha=\dfrac{\dfrac{b}{x_{k-1}^{(1)}}-\rho_k}{1+0.5\rho_k}\right)$ 在一定程度上依赖于缓冲序列 $\boldsymbol{X}'^{(1)}$ 的光滑比 ρ_k。

$\boldsymbol{X}'^{(1)}$ 经紧邻均值后为

$$\boldsymbol{Z}(1)=(z_2^{(1)};\ z_3^{(1)},\ \cdots,\ z_n^{(1)})$$

其中

$$z_n^{(1)}=0.5(x_k'^{(1)}+x_{k-1}'^{(1)}),\ k=2,\ 3,\ \cdots,\ n \tag{5.26}$$

对 $\boldsymbol{X}'^{(1)}$ 微分得：

$$\frac{\mathrm{d}x_1'^{(1)}}{\mathrm{d}t}+ax_1'^{(1)}=b \tag{5.27}$$

通过下式可得到 a，b 的值：

$$[a,\ b]^{\mathrm{T}}=(\boldsymbol{B}^{\mathrm{T}}\boldsymbol{B}^{-1})\boldsymbol{B}^{\mathrm{T}}\boldsymbol{Y} \tag{5.28}$$

其中

$$\boldsymbol{B}=\begin{bmatrix}-z_2^{(1)},\ 1\\ -z_3^{(1)},\ 1\\ \vdots\\ -z_n^{(1)},\ 1\end{bmatrix}\qquad \boldsymbol{Y}=\begin{bmatrix}x_2'^{(0)}\\ x_3'^{(0)}\\ \vdots\\ x_n'^{(0)}\end{bmatrix}$$

最终预测模型为

$$\hat{x}_{i+1}'^{(0)}=\hat{x}_{i+1}'^{(1)}-\hat{x}_i'^{(1)}=(1-e)\left(x_1'^{(0)}-\frac{b}{a}\right)\mathrm{e}^{-ak},\ t=1,\ 2,\ \cdots,\ n \tag{5.29}$$

5.2.2　缓冲算子改进灰色模型的优点

灰色预测通常用于在数据样本不太多的情况下，挖掘数据内部的规律性的知识，在此基础上进行建模，然后完成预测。原始数据序列如果是以指数变化的序列，其预测精度较高，但煤矿百万吨死亡率不可能按照指数无限制地增长或无限制地减小，所以采用缓冲算子对原始数据序列进行处理，这样既保证了灰色模型的优势，预测响应速度快，所需样本数据较少，还可以对原始数据序列进行校正，增强了原始数据序列的规律性，给准确预测提供了可能；灰色预测模型中的参数发展系数通过缓冲算子也限制了其任由发展。通过前面的讨论可以看出，引入缓冲算子后，数据序列的光滑度得到提高。

5.3　D_m-GM(1，1)模型在煤矿百万吨死亡率指标测算中的应用

采用 $D_m-GM(1,\ 1)$模型预测百万吨死亡率的各影响指标的值，验证模型的正确性和有效性，此处以全国的各指标为例。

5.3.1　煤矿百万吨死亡率原始数据处理

首先预测原煤全员效率，以 2000 年到 2010 年的数据为基本数据，各年份的原煤全员效率数据如表 5.2 所示。现对其建立基于二阶缓冲算子的 $GM(1,\ 1)$模型。

表 5.2 原煤全员效率统计数据

地区	2000年	2001年	2002年	2003年	2004年	2005年	2006年	2007年	2008年	2009年	2010年
全国	2.526	2.780	3.118	3.343	3.760	4.110	4.334	4.570	4.987	5.434	6.116
安徽	2.087	2.500	3.299	3.403	3.530	3.960	4.073	4.368	5.371	5.597	5.750
北京	1.675	1.840	1.968	2.187	2.430	2.140	1.959	1.966	2.067	1.833	1.703
甘肃	2.357	2.500	2.613	2.828	3.690	3.900	4.107	4.162	4.596	4.639	4.730
贵州	1.687	1.780	1.848	2.126	2.380	2.430	2.449	2.442	2.641	2.867	2.890
河北	3.034	3.020	3.180	3.357	3.880	4.110	4.224	4.064	4.128	4.735	4.814
河南	2.868	2.590	2.746	2.778	2.750	2.690	2.626	2.920	3.274	4.166	4.230
黑龙江	1.359	1.410	1.472	1.520	1.520	1.690	1.689	1.673	1.759	1.769	1.790
湖南	0.679	0.780	0.790	0.834	0.850	0.880	2.483	0.775	0.636	0.940	1.020
吉林	1.303	1.310	1.386	1.379	1.520	1.640	1.614	2.029	2.548	3.466	3.571
江苏	3.098	3.300	3.644	4.007	3.670	3.700	4.165	2.617	3.224	5.372	5.500
江西	1.139	1.060	1.158	1.295	1.370	1.500	1.274	1.343	1.056	1.278	1.360
辽宁	2.846	2.890	3.213	3.573	4.010	3.960	4.120	3.957	4.281	3.605	3.864
内蒙	3.464	3.640	3.739	4.415	5.400	8.020	8.377	9.778	11.192	10.839	11.230
山东	3.341	3.500	3.890	4.183	4.220	4.100	4.044	4.112	3.972	4.198	4.327
山西	3.140	3.600	4.940	4.523	6.040	6.350	6.613	6.580	6.838	7.259	7.385
陕西	1.836	1.960	2.030	2.614	2.690	2.770	2.868	2.833	2.650	3.762	3.129
四川	1.140	1.460	1.644	0.896	1.580	1.610	1.503	1.656	1.966	1.958	2.032
新疆	2.668	2.770	3.296	4.202	3.660	5.490	5.155	6.118	8.367	8.204	8.081
云南	1.124	1.300	1.110	1.127	1.130	1.040	1.142	1.146	0.999	0.935	1.023
重庆	1.158	1.280	1.351	1.528	1.580	1.380	1.391	1.448	1.429	1.434	1.461

以全国的全员效率为例，在 *matlab*7 上编程实现。

原始数据序列为：

$\boldsymbol{X}^{(0)}=[2.526, 2.780, 3.118, 3.343, 3.760, 4.110, 4.334, 4.570, 4.987, 5.434, 6.116]$

引入一阶算子 D 和二阶算子 D_2，则

$\boldsymbol{X}^{(0)}\ D=[4.0980\quad 4.2552\quad 4.4191\quad 4.5817\quad 4.7587\quad 4.9252\quad 5.0882\quad 5.2767\quad 5.5123\quad 5.7750\quad 6.1160]$

$\boldsymbol{X}^{(0)}\ D_2=[4.9824\quad 5.0708\quad 5.1614\quad 5.2542\quad 5.3503\quad 5.4489$

5.5537　5.6700　5.8011　5.9455　6.1160]

将 $\boldsymbol{X}^{(0)}D_2$ 进行 1 - AGO，计算后的新序列为：

$\boldsymbol{X}^{(1)}$ =[4.982　0.053　15.215　20.469　25.819　31.268　36.822　42.492　48.293　54.238　60.354]

原始数据序列 $\boldsymbol{X}^{(0)}$、一阶生成数据序列 $\boldsymbol{X}^{(0)}D$ 和二阶生成数据序列 $\boldsymbol{X}^{(0)}D_2$ 对应的曲线图如图 5.1 所示。

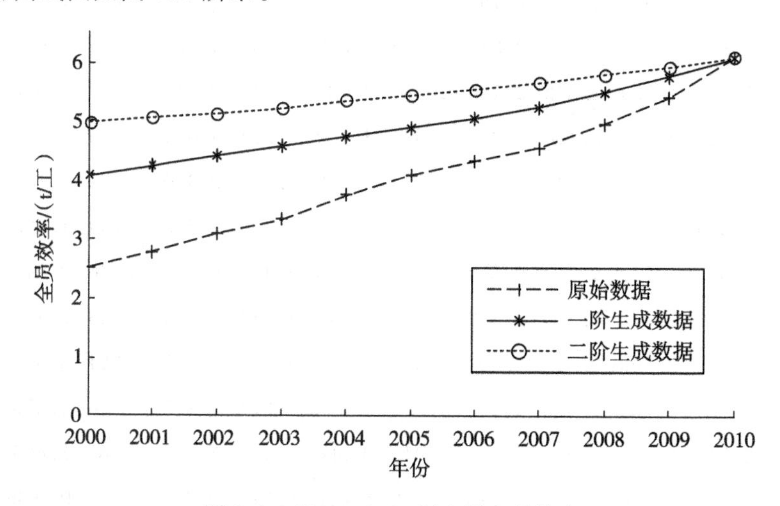

图 5.1　2000—2010 年全国全员效率

5.3.2　基于 GM(1, 1)模型的煤矿百万吨死亡率指标测算

对 $\boldsymbol{X}^{(0)}$ 做 1 - AGO，经计算后得：

$\boldsymbol{X}^{(1)}$ =[2.526　5.306　8.424　11.767　15.527　19.637　23.971　28.541　33.528　38.962　45.078]

参数 a 和 b 的取值结果为

$$\boldsymbol{A}=\begin{vmatrix} a \\ b \end{vmatrix}=(\boldsymbol{B}^{\mathrm{T}}\boldsymbol{B})^{-1}\boldsymbol{B}^{\mathrm{T}}\boldsymbol{Y}_N=\begin{vmatrix} 0.082 \\ 2.535 \end{vmatrix}$$

其值为

$$\begin{aligned}\hat{\boldsymbol{x}}^{(0)}(k+1)&=\left(X^{(0)}(1)-\frac{b}{a}\right)\mathrm{e}^{-ak}+\frac{b}{a}\\&=\left(2.526-\frac{2.535}{0.082}\right)\mathrm{e}^{-0.082k}+\frac{2.535}{0.082}\\&=30.915-28.389\mathrm{e}^{-0.082k}\end{aligned}$$

作累减后还原为

$$\hat{x}^{(0)}(k)=\hat{x}^{(1)}(k+1)-\hat{x}^{(1)}(k)$$

令 $\hat{x}^{(1)}(0)=0$，则 $\boldsymbol{X}^{(0)}$ 的预测序列为

$$\hat{x}^{(0)}(k)=[2.526\quad 2.858\quad 3.103\quad 3.368\quad 3.657\quad 3.970\quad 4.309\quad 4.678\quad 5.079\quad 5.513\quad 5.985]$$

预测值和实际值拟合如图 5.2 所示。

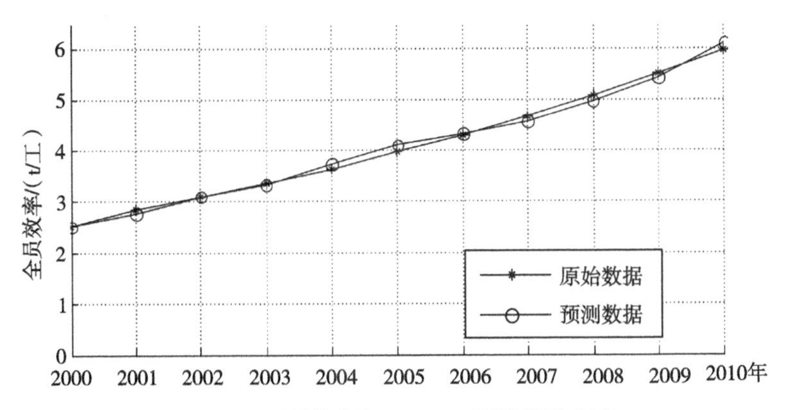

图 5.2　原始数据与 G(1，1)预测值拟合图

残差序列、预测值及相对误差经计算为

$$e(k)=X^{(0)}(k)-\hat{X}^{(0)}(k),\ k=1,\ 2,\ \cdots,\ n$$

各年份 G(1，1)模型数据序列如表 5.3 所示。

表 5.3　G(1，1)模型数据序列验证

年份	$X^{(0)}(k)$	$\hat{X}^{(0)}(k)$	残差	相对误差
2000 年	2.526	2.526	0.000	0.000
2001 年	2.780	2.858	−0.078	−0.028
2002 年	3.118	3.103	0.015	0.005
2003 年	3.343	3.368	−0.025	−0.007
2004 年	3.760	3.657	0.103	0.027
2005 年	4.110	3.970	0.140	0.034
2006 年	4.334	4.309	0.025	0.006
2007 年	4.570	4.678	−0.108	−0.024
2008 年	4.987	5.079	−0.092	−0.018
2009 年	5.434	5.513	−0.079	−0.015
2010 年	6.116	5.985	0.131	0.021

误差曲线如图 5.3 所示。

平均残差 ε(avg)为

$$\varepsilon(\text{avg})=\frac{1}{11}\sum_{2}^{11}\left|\varepsilon^{(0)}(k)\right|\times 100\%=0.072\ 364$$

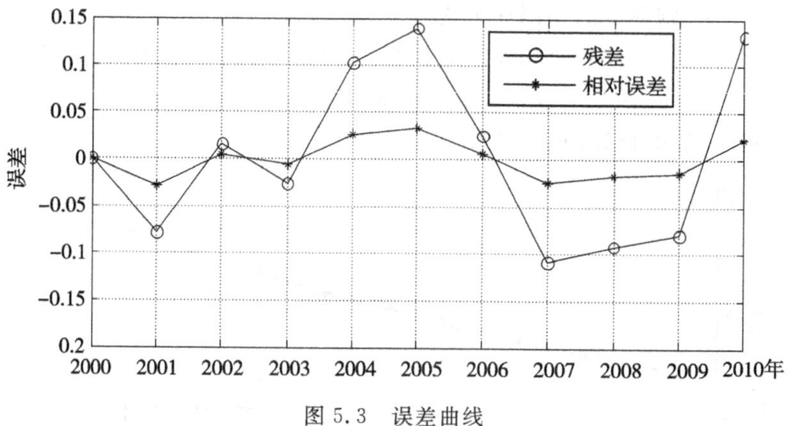

图 5.3 误差曲线

计算可得：

$$0.7<P<0.8,\ C=0.08$$

对照表 5.1，预测精度为不合格。

5.3.3 基于 D-GM(1, 1)模型的煤矿百万吨死亡率指标测算

$\boldsymbol{X}^{(0)}D=[4.0980\quad 4.2552\quad 4.4191\quad 4.5817\quad 4.7587\quad 4.9252\quad 5.0882\quad 5.2767\quad 5.5123\quad 5.7750\quad 6.1160]$

通过对 $\boldsymbol{X}^{(0)}D$ 进行 1—AGO 操作，新序列为

$\boldsymbol{X}^{(1)}=[4.098\quad 8.353\quad 12.772\quad 17.354\quad 22.113\quad 27.038\quad 32.126\quad 37.403\quad 42.915\quad 48.690\quad 54.806]$

参数 a 和 b 的值可以按照下式求解：

$$\boldsymbol{A}=\begin{vmatrix} a \\ b \end{vmatrix}=(\boldsymbol{B}^{\mathrm{T}}\boldsymbol{B})^{-1}\boldsymbol{B}^{\mathrm{T}}\boldsymbol{Y}_N=\begin{vmatrix} 0.039 \\ 3.977 \end{vmatrix}$$

预测模型：

$$\hat{X}^{(0)}(k+1)=\left(x^{(0)}(1)-\frac{b}{a}\right)\mathrm{e}^{-ak}+\frac{b}{a}=\left(4.098-\frac{3.977}{0.039}\right)\mathrm{e}^{-0.039k}+\frac{3.977}{0.039}$$
$$=101.974-97.876\mathrm{e}^{-0.039k}$$

作累减后还原为

$$\hat{X}^{(0)}(k)=\hat{X}^{(1)}(k+1)-\hat{X}^{(1)}(k)$$

且令 $\hat{X}^{(1)}(0)=0$，则 $\boldsymbol{X}^{(0)}$ 的预测序列为

$\hat{X}^{(0)}(k)=[4.098\quad 4.220\quad 4.390\quad 4.566\quad 4.749\quad 4.939\quad 5.137\quad 5.343\quad 5.558\quad 5.781\quad 6.012]$

预测值和实际值曲线图如图 5.4 所示。

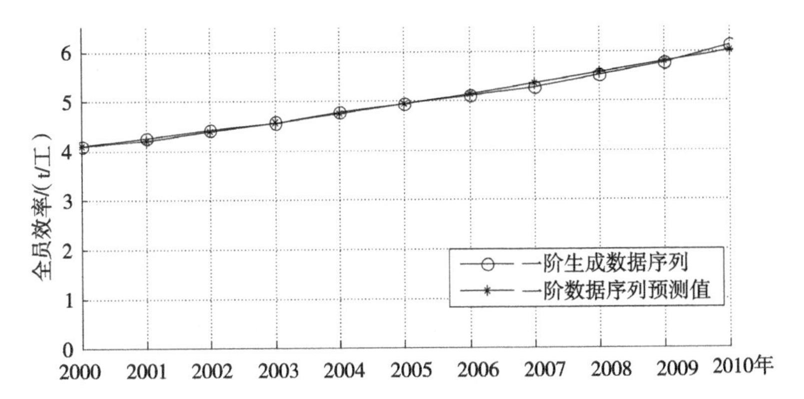

图 5.4　原始数据与 D-G(1，1)预测值拟合图

然后，通过 D-G(1，1)模型求出每年的预测值和误差。

$$e(k)=X^{(0)}(k)-\hat{X}^{(0)}(k)，k=1，2，\cdots，n$$

各年份 D-G(1，1)模型数据序列如表 5.4 所示。

表 5.4　D-G(1，1)模型数据序列验证

年份	$X^{(0)}(k)$	$\hat{X}^{(0)}(k)$	残差	相对误差
2000 年	4.098	4.098	0.000	0.000
2001 年	4.255	4.220	0.035	0.008
2002 年	4.419	4.390	0.029	0.007
2003 年	4.582	4.566	0.016	0.003
2004 年	4.759	4.749	0.010	0.002
2005 年	4.925	4.939	−0.014	−0.003
2006 年	5.088	5.137	−0.049	−0.010
2007 年	5.277	5.343	−0.066	−0.013
2008 年	5.512	5.558	−0.046	−0.008
2009 年	5.775	5.781	−0.006	−0.001
2010 年	6.116	6.012	0.104	0.017

误差曲线如图 5.5 所示。

平均残差 ε(avg)为

$$\varepsilon(\text{avg})=\frac{1}{16}\sum_{2}^{16}\left|\varepsilon^{(0)}(k)\right|\times 100\%=0.034\,03$$

计算可得：

$$0.8<P<0.95，C=0.073$$

对照表 5.1，预测精度为合格。

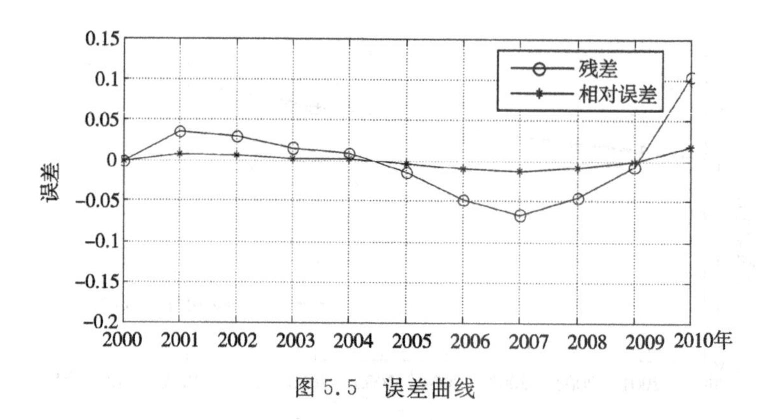

图 5.5 误差曲线

5.3.4 基于 D_m - GM(1，1)模型的煤矿百万吨死亡率指标测算

参数 a 和 b 的值可以按照下式求解：

$$\boldsymbol{A}=\begin{vmatrix} a \\ b \end{vmatrix}=(\boldsymbol{B}^{\mathrm{T}}\boldsymbol{B})^{-1}\boldsymbol{B}^{\mathrm{T}}\boldsymbol{Y}_N=\begin{vmatrix} 0.021 \\ 4.885 \end{vmatrix}$$

各参数确定后，预测模型如下：

$$\hat{X}^{(1)}(k+1)=\left(X^{(1)}(1)-\frac{b}{a}\right)\mathrm{e}^{-ak}+\frac{b}{a}=\left(4.982-\frac{4.885}{0.021}\right)\mathrm{e}^{-0.021k}+\frac{4.885}{0.021}$$
$$=232.219-227.637\mathrm{e}^{-0.039k}$$

作一阶累减后还原为

$$\hat{X}^{(0)}(k)=\hat{X}^{(1)}(k+1)-\hat{X}^{(1)}(k)$$

令 $\hat{X}^{(1)}(0)=0$，则 $\boldsymbol{X}^{(0)}D_2$ 的预测序列为

$$\hat{X}^{(0)}(k)=[4.982 \quad 5.039 \quad 5.144 \quad 5.250 \quad 5.359 \quad 5.471 \quad 5.584 \quad 5.700 \quad 5.819 \quad 5.940 \quad 6.063]$$

预测值和二阶生成序列拟合如图 5.6 所示。

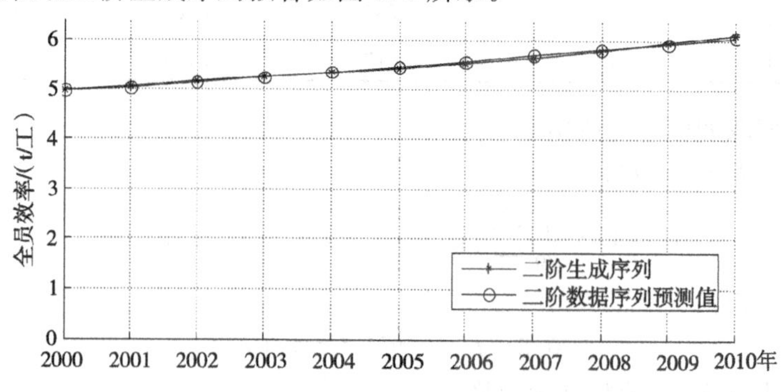

图 5.6 原始数据与 D_2 - G(1，1)预测值拟合图

残差计算公式为

$$e(k)=X^{(0)}(k)-\hat{X}^{(0)}(k) \quad k=1, 2, \cdots, n$$

各年份二阶缓冲算子数据序列如表 5.5 所示。

表 5.5　二阶缓冲算子数据序列验证

年份	$X^{(0)}(k)$	$\hat{X}^{(0)}(k)$	残差	相对误差
2000 年	4.982	4.982	0.000	0.000
2001 年	5.071	5.039	0.032	0.006
2002 年	5.161	5.144	0.017	0.003
2003 年	5.254	5.250	0.004	0.001
2004 年	5.350	5.359	−0.009	−0.002
2005 年	5.449	5.471	−0.022	−0.004
2006 年	5.554	5.584	−0.030	−0.005
2007 年	5.670	5.700	−0.030	−0.005
2008 年	5.801	5.819	−0.018	−0.003
2009 年	5.946	5.940	0.006	0.001
2010 年	6.116	6.063	0.053	0.009

误差曲线如图 5.7 所示。

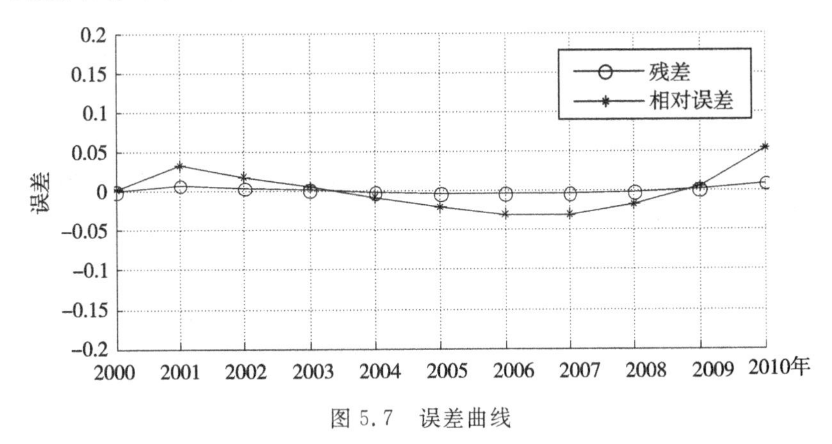

图 5.7　误差曲线

平均残差 ε(avg)为

$$\varepsilon(\text{avg}) = \frac{1}{11}\sum_{2}^{11} \left| \varepsilon^{(0)}(k) \right| \times 100\% = 0.020\ 118$$

$$P>0.95, C=0.052$$

为了和上述的原始 GM 模型、一阶模型和二阶模型进行对比，接下来再利用 $D_m(m=3, 4, 5\cdots10)$对其作用，得数据序列为 XD_3，XD_4，XD_5，…，

XD_{10}。经上述方法计算后得平均残差、P 和 C 的值如表 5.6 所示。

表 5.6 各阶缓冲算子计算结果

缓冲算子作用	平均残差	P	C
X	0.0724	77%	0.08
XD_1	0.034	86%	0.073
XD_2	0.0201	94%	0.052
XD_3	0.068	79%	0.078
XD_4	0.07	78%	0.079
XD_5	0.041	84%	0.074
XD_6	0.052	82%	0.076
XD_7	0.061	80%	0.075
XD_8	0.039	84%	0.074
XD_9	0.031	86%	0.073
XD_{10}	0.056	81%	0.077

由上表的结果可以看出：

(1) 缓冲算子 D_m 在 $m=1$，2 时预测的平均残差逐渐减小，P 的值逐渐增大，C 的值逐渐减小，在 $m=2$ 时的平均残差最小，P 值最大，C 值最小。

(2) 比起未经过缓冲算子作用的数据序列，其平均残差为 0.0724，P 为 77%，C 为0.08，可见经过缓冲算子作用的预测要更精确。

所以，选取 D_2-GM(1，1)预测模型，预测未来三年全员效率的值，还原得预测值如表 5.7 所示。

表 5.7 全国全员效率预测值

年份	全员效率预测值
2011 年	6.189
2012 年	6.318
2013 年	6.449

5.3.5 基于 D_m-GM(1，1)模型的煤矿百万吨死亡率指标误差检验

按照上面的方法，可以建立全国其他各指标模型及各区域各指标模型，各个模型的检验值如表 5.8 所示。

表 5.8　各指标预测模型验证

省份	集体所有制煤矿产量所占比例/(%)			综合机械化采煤率/(%)			高瓦斯矿井所占比例/(%)			煤与瓦斯突出矿井所占比例/(%)			从业人员中工程技术人员比例/(%)		
	平均残差	P	C	平均残差	P	C	平均残差	P	C	平均残差	P	C	平均残差	P	C
	$m=4$			$m=3$			$m=6$			$m=3$			$m=2$		
总计	0.033	86%	0.08	0.036	81%	0.1	0.039	80%	0.105	0.027	90%	0.076	0.031	90%	0.079
北京	0.020	94%	0.052	0.024	93%	0.058	0.021	94%	0.052	0.148	70%	0.801	0.070	75%	0.301
河北	0.031	90%	0.081	0.025	92%	0.056	0.019	95%	0.031	0.032	86%	0.082	0.148	70%	0.801
山西	0.053	88%	0.092	0.071	75%	0.306	0.036	81%	0.1	0.023	94%	0.067	0.051	88%	0.091
内蒙	0.033	86%	0.08	0.151	70%	0.803	0.031	90%	0.081	0.097	72%	0.341	0.034	86%	0.084
辽宁	0.060	79%	0.15	0.028	92%	0.065	0.043	87%	0.062	0.087	73%	0.309	0.062	79%	0.151
吉林	0.022	94%	0.05	0.072	75%	0.311	0.024	93%	0.058	0.034	86%	0.081	0.021	94%	0.053
黑龙江	0.037	81%	0.102	0.148	71%	0.801	0.020	94%	0.053	0.034	86%	0.083	0.036	81%	0.102
…	…	…	…	…	…	…	…	…	…	…	…	…	…	…	…
江西	0.043	87%	0.062	0.029	92%	0.06	0.034	86%	0.084	0.043	87%	0.063	0.044	87%	0.065
山东	0.024	93%	0.058	0.020	94%	0.052	0.062	79%	0.151	0.033	86%	0.08	0.062	79%	0.151
河南	0.025	92%	0.056	0.031	90%	0.081	0.021	94%	0.053	0.060	79%	0.15	0.022	94%	0.05
湖南	0.036	81%	0.1	0.053	88%	0.092	0.036	81%	0.102	0.022	94%	0.05	0.031	90%	0.081
四川	0.033	86%	0.08	0.033	86%	0.08	0.053	88%	0.092	0.037	81%	0.102	0.022	94%	0.05
重庆	0.020	94%	0.052	0.060	79%	0.15	0.032	86%	0.079	0.031	90%	0.081	0.032	90%	0.079
贵州	0.017	95%	0.032	0.023	94%	0.051	0.060	79%	0.15	0.053	88%	0.092	0.045	87%	0.065
云南	0.023	94%	0.05	0.037	81%	0.102	0.022	94%	0.05	0.033	86%	0.08	0.029	92%	0.06
甘肃	0.016	95%	0.032	0.031	90%	0.081	0.036	81%	0.1	0.022	94%	0.05	0.024	93%	0.058
宁夏	0.033	86%	0.08	0.043	87%	0.062	0.043	87%	0.062	0.037	81%	0.102	0.032	86%	0.082
新疆	0.023	93%	0.058	0.041	80%	0.105	0.024	93%	0.058	0.036	81%	0.1	0.023	94%	0.067

续表

省份	机械化掘进率/(%)			采煤机械化率/(%)			从业人员平均工资/(元/人·年)			原煤全员效率/(t/工)		
	平均残差	P	C	平均残差	P	C	平均残差	P	C	平均残差	P	C
		$m=2$			$m=4$			$m=9$			$m=7$	
总计	0.020	94%	0.052	0.062	80%	0.255	0.060	90%	0.076	0.060	79%	0.15
北京	0.031	90%	0.081	0.032	90%	0.079	0.020	94%	0.053	0.063	81%	0.251
河北	0.053	88%	0.092	0.044	87%	0.065	0.032	90%	0.081	0.018	95%	0.032
山西	0.033	86%	0.08	0.029	92%	0.06	0.051	88%	0.091	0.033	86%	0.08
内蒙	0.060	79%	0.15	0.070	75%	0.301	0.034	86%	0.084	0.033	86%	0.08
辽宁	0.022	94%	0.05	0.148	70%	0.801	0.062	79%	0.151	0.060	79%	0.15
吉林	0.037	81%	0.102	0.032	86%	0.082	0.021	94%	0.053	0.033	86%	0.08
黑龙江	0.036	81%	0.1	0.023	94%	0.067	0.036	81%	0.102	0.060	79%	0.15
江苏	0.031	90%	0.081	0.097	72%	0.341	0.020	94%	0.052	0.053	88%	0.093
安徽	0.043	87%	0.062	0.087	73%	0.309	0.031	90%	0.081	0.030	86%	0.082
江西	0.024	93%	0.058	0.034	86%	0.081	0.051	88%	0.091	0.061	79%	0.156
山东	0.025	92%	0.056	0.025	93%	0.06	0.034	86%	0.084	0.020	94%	0.054
河南	0.036	81%	0.1	0.072	75%	0.155	0.033	86%	0.08	0.031	90%	0.081
湖南	0.033	86%	0.08	0.062	80%	0.255	0.020	94%	0.052	0.053	88%	0.092
四川	0.020	94%	0.052	0.032	90%	0.079	0.031	90%	0.081	0.027	90%	0.076
重庆	0.017	95%	0.032	0.044	87%	0.065	0.053	88%	0.092	0.148	70%	0.801
贵州	0.023	94%	0.05	0.029	92%	0.06	0.033	86%	0.08	0.051	88%	0.091
云南	0.063	81%	0.251	0.070	75%	0.301	0.036	81%	0.1	0.034	86%	0.084
陕西	0.017	95%	0.032	0.148	70%	0.801	0.070	75%	0.301	0.034	86%	0.084
甘肃	0.033	86%	0.08	0.032	86%	0.082	0.036	81%	0.102	0.062	79%	0.151
宁夏	0.023	93%	0.058	0.043	87%	0.064	0.053	88%	0.092	0.064	90%	0.0756
新疆	0.062	80%	0.153	0.092	73%	0.395	0.038	80%	0.099	0.023	94%	0.055

5.3.6　预测结果分析

(1) 煤矿企业百万吨死亡率是动态变化的，各影响因素的值并不是固定不变的，它也会随着整个大系统的变化而变化；煤矿百万吨死亡率的影响因素很多，而且各种因素之间关系错综复杂。由于受客观条件和自身条件的约束，数据不可能齐全，就算搜集齐全，可能也不存在这样的预测算法对其进行处理，所以意义不大。灰色预测正是基于贫信息的灰色理论基础上的预测算法，能够达到满意的预测效果。

(2) 煤矿百万吨死亡率各个影响因素由于受系统环境的干扰，数据可能存在失真，所以采用缓冲算子对原始数据序列进行处理，这样既保证了灰色模型的优势，又对原始数据序列进行校正，增强了原始数据序列的规律性，给准确预测提供了可能。

(3) 本节首先以全国煤矿总计的全员效率为例，应用缓冲算子改进 GM(1，1) 模型进行预测，通过对比，证明该模型预测精度较高。比如，全国 2000—2010 年的全员效率已知，利用 D_m- GM(1，1)模型预测精度为 95%，平均残差为 0.201，均方根误差为 0.052，从全国及各区域的预测值来看，预测精度基本上能达到 90%以上，模型精度为"好"，所以 D_m- GM(1，1)预测模型在这里的应用中是可行并有效的。

第6章 基于支持向量机的煤矿百万吨死亡率预测模型研究

利用最小二乘支持向量机进行预测时，除了要选择某种具体的数学模型之外，关键还在于样本的选择及特征量的选取。为了提高预测精度，就要考虑如何选择合适的样本。在此是预测全国及各产煤行政区域的煤矿百万吨死亡率，所以，应找出与预测百万吨死亡率最具有相关性的影响因素作为预测模型的样本输入，将全国及各产煤行政区域的煤矿百万吨死亡率作为输出，从而构成一定的输入-输出映射关系。在这些样本中，选取适量的样本作为训练样本，利用最小支持向量机预测模型得到模型参数。这里预测时模型的输入值是通过上一章节的 D_m- GM(1，1)模型来预测实现的。

6.1 支持向量机模型的选择

在实际应用中，需要选择合适的模型，模型选择中核函数选择问题也非常重要，它直接影响支持向量机的性能。一方面，根据核函数构造理论，满足 Mercer 条件的函数均可作为核函数，但对于支持向量机模型来说，不同的核函数性能是不同的；另一方面，对于满足条件的某一类核函数，其参数不同支持向量机的预测结果也有差异，所以，在模型选择时，同样也要考虑核函数的参数选择和优化。

6.1.1 最小二乘支持向量机基本原理

Suykens 于 20 世纪末首次将最小二乘支持向量机的模型公布于众，目的是为了加快标准支持向量机的求解速度。和标准支持向量机不同的是，标准支持向量机模型中是不等式约束，而最小二乘支持向量机中是等式约束，这样，就用求解线性方程组的解来代替求解二次规划问题，从而降低了支持向量机模型的计算复杂性，加快了求解速度。

假设给定一个训练样本集合 $D=\{(x_i,\ y_i):\ i=1,\ 2,\ \cdots,\ l\}$，$x_i\in\mathbf{R}^n$ 代表输入数据，$y_i\in\mathbf{R}$ 代表输出数据，l 表示样本数据的维数。非线性模型为

$$\boldsymbol{y}(\boldsymbol{x}) = \boldsymbol{w}^{\mathrm{T}}\varphi(\boldsymbol{x}) + \boldsymbol{b} \tag{6.1}$$

模型可转化为最优问题求解，如下：

$$\begin{cases}\min\limits_{w,b,\xi} \dfrac{1}{2}\|\boldsymbol{w}\|^2+\dfrac{1}{2}\gamma\sum\limits_{j=1}^{l}\xi_j^2 \\ \text{s.t.}\quad y_j=\langle \boldsymbol{w}\cdot\varphi(x_j)\rangle+\boldsymbol{b}+\xi_j,\ j=1,\cdots,l \\ \xi_j\geqslant 0,\ j=1,\cdots,l\end{cases} \tag{6.2}$$

引入 Lagrange 乘子 α_i后得：

$$L=J-\sum_{i=1}^{l}\alpha_i(\langle \boldsymbol{w}\cdot\varphi(x_i)\rangle+\boldsymbol{b}+\xi_i-y_i) \tag{6.3}$$

然后，上式分别对 $\boldsymbol{w}$，$\boldsymbol{b}$，ξ_i求偏导，得：

$$\begin{cases}\dfrac{\partial L}{\partial w}=0\Rightarrow w=\sum\limits_{i=1}^{l}\alpha_i\varphi(x_i) \\ \dfrac{\partial L}{\partial b}=0\Rightarrow\sum\limits_{i=1}^{l}\alpha_i=0 \\ \dfrac{\partial L}{\partial \xi_i}=0\Rightarrow\alpha_i=\gamma\xi_i\end{cases} \tag{6.4}$$

消除变量 w，ξ，可得矩阵方程：

$$\begin{bmatrix}0 & I^{\mathrm{T}} \\ \boldsymbol{I} & \boldsymbol{\Omega}+\gamma^{-1}\boldsymbol{I}\end{bmatrix}\begin{bmatrix}\boldsymbol{b} \\ \boldsymbol{a}\end{bmatrix}=\begin{bmatrix}0 \\ \boldsymbol{Y}\end{bmatrix} \tag{6.5}$$

式中：$\boldsymbol{\Omega}=[\Omega_{ij}]_{l\times l}$，$\Omega_{ij}=\langle\varphi(x_i)\cdot\varphi(x_j)\rangle=K(x_i,x_j)$；$\boldsymbol{Y}=[y_1,\cdots,y_l]^{\mathrm{T}}$，$\boldsymbol{I}$ 为单位矩阵。

式(6.5)为线性方程组，可用最小二乘法求出 a 和 b，因而得到最优回归函数：

$$\boldsymbol{y}(\boldsymbol{x})=\sum_{i=1}^{l}\alpha_iK(x,x_i)+b \tag{6.6}$$

6.1.2　核函数的选取

目前，学者们对核函数的研究逐渐增多，因为他们发现对于同一支持向量机模型来说，选用不同核函数的类型和参数，所得到的结果差别很大。核函数的类型和参数直接影响支持向量机模型的复杂性。我们在第 2 章也讨论了支持向量机核函数的类型和表达形式，由于满足条件的核函数有很多种，但不是所有的核函数都可以应用在任何一种实际情况中。多项式核函数应用相对较多，但所需的数据参数也较多，在预测时很难调整多个参数的值来达到预期效果，而且多项式核函数不适合数据维数较高的情况。径向基核函数的参数较少，计算简单，而且效果很好。在进行百万吨死亡率预测时，支持向量机模型选用径向基核函数：

$$k(\boldsymbol{x}, \boldsymbol{z})=\exp\left(-\frac{\|\boldsymbol{x}-\boldsymbol{z}\|}{2\sigma^2}\right),\quad \sigma>0 \tag{6.7}$$

作为回归模型中的核函数。

6.1.3　预测误差分析的指标

无论我们对原始数据如何处理，无论选用多么合适的算法，都只能在一定程度上提高预测的精度，由于多种原因都会造成煤矿百万吨死亡率的预测误差，可以采用下面的误差评价指标来衡量煤矿百万吨死亡率的精度，其中，f_i、f'_i 分别代表实际值和预测值。

(1) 绝对误差(AE_i)：

$$AE_i=|f_i-f'_i|$$

(2) 相对误差(RE_i)：

$$RE_i=\frac{f_i-f'_i}{f_i}\times 100$$

(3) 平均相对误差(MRE)：

$$MRE=\frac{1}{T}\sum_{i=1}^{T}\left|\frac{f_i-f'_i}{f_i}\times 100\right|$$

(4) 均方误差和均方根误差(MSE)：

$$MSE=\frac{1}{T}\sum_{i=1}^{T}(f_i-f'_i)^2$$

$$EMSE=\sqrt{MSE}$$

6.1.4　LSSVM 参数选择算法优劣的评价标准

SVM 作为近年来发展起来的一种新兴的机器学习方法，具有较完备的理论基础，也越来越多地被很多学者应用于各行各业，但经学者研究发现，支持向量机的模型参数和核参数如何得出，现在还没有一种统一的标准或算法。所以对于支持向量机的研究大部分集中在这一问题上。

由 LSSVM 原理式(6.1)到式(6.6)可以看出，在最小二乘支持向量机模型中只需要确定两个参数：核函数参数和惩罚参数。模型的复杂度与对拟合偏差的惩罚程度取决于惩罚参数。这两个参数的选择问题直接决定了最终 LSSVM 模型训练的优劣。此处选择的是最小二乘支持向量机和应用较多的径向基核函数，因而涉及到的参数为核参数 g 和惩罚参数 c。

支持向量机中核函数和参数的选择涉及评价回归算法的标准，即评价一个给定的回归算法优劣的数量指标，为此考虑给定一个训练集

$$T=\{(x_1, y_1), \cdots, (x_l, y_l)\}\in(\mathbf{R}^n\times\boldsymbol{y})^l \tag{6.8}$$

其中 $x_i\in\mathbf{R}^n$，$y_i\in\boldsymbol{y}$，$i=1, \cdots, l$。选择一个损失函数，通过对误差进行分析，确定该模型是否可取。具体是通过训练集的平均误差来判断的，但是这种评价是不合理的。因为这种评价方法没有兼顾置信范围的值，这是它不十分可靠的根本原因。

算法通过训练样本训练之后，得到预测模型，这一模型可以用目标函数 $f(\boldsymbol{x})$表示，从 $f(\boldsymbol{x})$的形式上无法判断算法的好坏，也无法从训练样本数据来检验算法是否满足要求。真正能判断出算法好坏的标准是：从和训练样本不相交的样本中取数据$\overline{\boldsymbol{x}}$，依据目标函数 $f(\boldsymbol{x})$，计算出输出值 $f(\overline{\boldsymbol{x}})$，然后判断它和实际值的误差。

K-折交叉验证(K－fold Cross Validation)的方法是上述思想的一个具体体现，所谓交叉验证(Cross Validation)，是指用来检验、证明支持向量机模型性能的一种统计分析方法。交叉验证的基本思想就是，将所获取的原始数据分成两组，一组数据作为训练集，另一组数据作为验证集。具体实现方法和步骤是：第一步，利用训练集对 SVM 模型进行训练；第二步，使用选取的验证集对训练得到的模型进行测试，对模型测试结果的评价依据前面讨论的均方根误差。

K-折交叉验证法是将原始数据分成 k 组(一般是均分)，在应用 K－折交叉验证时，首先随机地将获取的数据集分割成为 k 个相互不重叠的子集(S_1，S_2，…，S_k)；接着，利用这 k 个子集中的 $k-1$ 个子集进行训练；然后，在 k 个子集中对剩下的那个子集进行测试，这一过程需要不断重复 k 次，保证每一个子集都能够作为一次测试集；最后，最佳模型参数就是 k 次迭代中平均测试误差最小的那个参数。所以，这一方法又被称为“k 重交叉验证法”即“k 次重复交叉验证法”。k 一般大于等于 2，实际操作时一般是从 3 开始取值。

对于 SVM 参数的优化，让 SVM 的参数 c 和 g 的取值被限制在一定范围之内，对于已经选定的参数 c、g，利用前面的方法求出参数 c 和 g 下的训练误差，最终选取训练集误差最小的那组 c 和 g 作为最佳的参数。可能会有多组的 c 和 g 对应于最小误差，如果这样，选取的最佳参数是使最小误差的参数达到 c 最小的那一组 c 和 g。如果实际对应最小 c 参数还有多组参数 g，那么就将第一次搜索到的参数作为最佳参数。之所以这样做，其主要理由是：过高的参数 c 将会产生过学习状态，也就是说虽然模型的训练集误差很小，但测试集误差很大。后面章节在选取参数时均是采用 CV(交叉验证，Cross Validation)的思想。

6.1.5 LSSVM 参数的优化

在实际应用中，如果最小二乘支持向量机采用径向基核函数，则最小二乘支持向量机的惩罚参数和径向基核参数是模型选择中要考虑的两个重要参数。最小二乘支持向量机的推广能力和泛化性能直接取决于 g 和 c 这两个参数。因此选择径向基核函数的问题可以简化为寻找参数 g 和 c 的最佳组合，使 LSSVM 具有最好的性能。

在这方面，已有一些学者研究发现：在样本集已知，模型参数连续变化的情况下，SVM 的推广性能并不是按照连续单调的规律变化的，SVM 的预测精度是一个以模型参数为自变量变化的不连续多峰值函数。如果想获得最优解，就不能够采用经验类算法，而以往基于梯度策略或网格搜索的算法往往容易陷入到局部最优中去，因此，一些学者开始尝试采用新的算法来选择合适的模型参数，从而提高支持向量机的性能。

遗传算法(Genetic Algorithm，GA)，从它的命名就能够直观地看出这种算法的特点。它采用的是自然界的遗传观点，是一种全局优化算法。遗传算法的求解过程通过各种处理变换，目的是在给定范围内寻找最优解。2004 年 CHEN 和 ZHENG 提出的，预测模型选用的是支持向量机，支持向量机的参数选取采用的是两种各自不同的遗传算法，他们的研究最终证明采用遗传算法不仅降低了时间复杂度，而且预测结果的精度并不十分依赖于初值的选取，与以前算法相比依赖程度大大降低；2006 年，杜京义在对支持向量回归机的模型参数寻优时，也采用了遗传算法。

6.2 遗传算法(GA)优化 LSSVM

支持向量机的模型选择包括定性选择和定量选择两个环节。前者包括支持向量机算法和核函数的确定，主要根据所求解的实际问题的特点进行；后者即支持向量参数选择，包括核函数参数选择和误差惩罚参数选择。不同的支持向量机的误差惩罚参数取名不同，不同的核函数的核参数的取名也不相同，但作用和意义均是相同的，此处为了描述方便，惩罚参数和核函数参数分别用 c 和 g 表示。

6.2.1 遗传算法

遗传算法是 John Holland 于 19 世纪 60 年代首次提出的。此处将遗传算法的智能搜索用于支持向量机算法的参数选择过程中，在参数空间中进行优化搜索，针对煤矿百万吨死亡率样本，寻找最优的支持向量机模型。通过和网格搜索算法对比，遗传搜索算法能够较快地获得满意的参数。

标准的 GA 构成如下：

1）染色体编码

遗传算法在求解空间中求解时，只能识别固定编码，所以，首先要对原始数据空间进行编码。编码方式有多种，其中二进制编码和解码操作简单、方便易行，所以，此处在遗传算法寻优中对原始数据空间使用二进制编码方式。

2）种群规模

当种群的规模在几十至几百（一般 20～200）之间时，既能够很好地实现种群多样性，又能够很好地实现算法复杂度，所以后面的计算中，种群规模的取值也在这个范围之内。

3）适应度函数

遗传算法在参数寻优时，用于终止循环结束的条件之一就是适应度函数是否满足事先制定的条件，适应度函数表明了所有的数据编码对于问题的适应程度。

4）遗传算子

（1）选择算子。通过适应度函数计算出每个染色体的适应度值，并逐一记录下来，选择其中适应度值较大的染色体替换掉上一代中性能不好的染色体。

（2）交叉算子。从群体中任意地选择两个个体，对编码过后的染色体中的部分基因进行互换，这样又生成新的染色体。

（3）变异算子。对于遗传下来的染色体的基因，随机地以一定的概率改变其中的染色体的某一位编码，使染色体并没有完全遗传自上一代，而是有细微的改变。

用均方相对误差 Dr 作为模型最终性能评价指标：

$$\mathrm{Dr} = \sqrt{\frac{1}{l}\sum_{i=1}^{l}\left(\frac{y_{ai} - y_{pi}}{y_{ai}}\right)^2} \tag{6.9}$$

其中：y_{ai}是实际值，y_{pi}是预测值。

6.2.2 遗传算法优化 LSSVM

最小二乘支持向量机的核参数的选取直接关系到最小二乘支持向量机学习性能和泛化能力的好坏。过去一般采用的参数选择方法主要有交叉验证法和核校准法。交叉验证法在确定最优参数时，需要大量的运算，特别是当参数个数较多时，将花费大量的时间来求取最优解；核校准法将应用核矩阵的许多知识和研究，实现起来较为困难。为了弥补现有参数选择算法的不足，对煤矿百万吨死亡率的支持向量机模型结合改进的遗传算法进行预测。该算法不仅能够实现全局搜索，而且搜索速度可以得到保障。实际应用证明：基于遗传算法的改进支持向量机参数选择算法可以获得非平稳时间序列非线性预测模型的最佳运行参数，是一种选取 SVM 核参数的行之有效的方法。优化流程如图 6.1 所示。

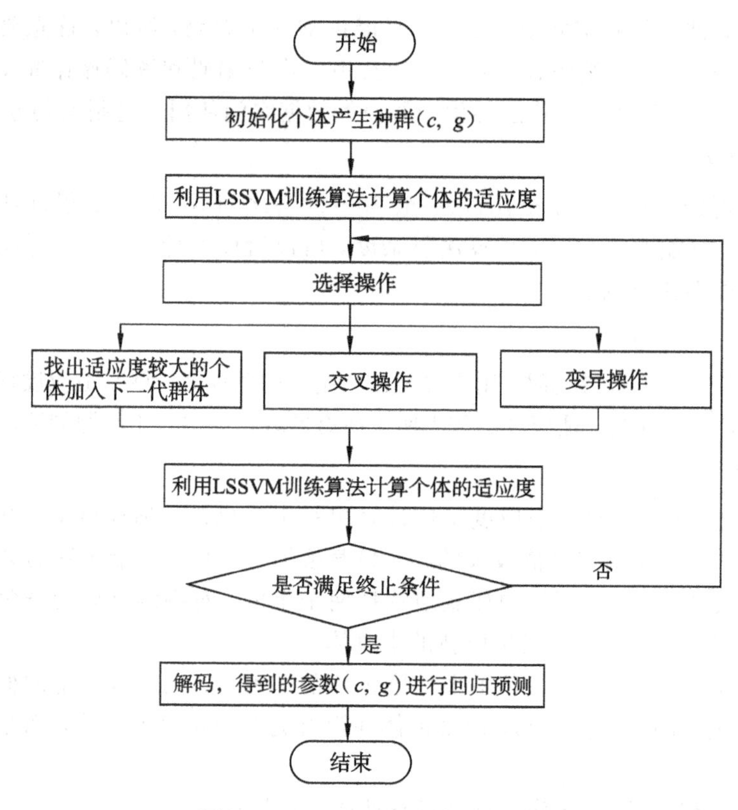

图 6.1 GA－LSSVM 优化流程图

6.3 粒子群(PSO)算法优化 LSSVM

人类在对大自然的观察和研究中得到启发，获得了一些解决复杂问题的灵感。前面已经提到，模拟生物进化过程而创建的遗传算法在帮助人们解决优化问题方面发挥了重要作用，已被证明是一个非常成功的方法。下面介绍粒子群算法的基本理论及其在 LSSVM 参数优化问题中的应用。

6.3.1 粒子群算法理论

粒子群算法理论(Partical Suarm Optimization，PSO)源于对一个简单社会模型的模拟，是一种智能计算技术，其最初来源于对鸟群觅食过程的模拟，后来被应用于一些优化问题。Kennedy 和 Eberhart 在 1995 年首次提出了粒子群算法。由于粒子群算法具有算法概念简单，易于实现等突出的优点，因而在较短的时间里获得了很大的成功。目前粒子群算法理论广泛地应用于模式识别和函数寻优等方面。

该算法的数学描述为：假定搜索空间是 D 维的，群体有 M 个粒子，这些粒子在 D 维空间中飞行，则粒子 i 在 t 时刻的位置信息为

$$\boldsymbol{x}_i^t=(x_{i1}^t,\ x_{i2}^t,\ \cdots,\ x_{id}^t)^{\mathrm{T}}$$

其中，$\boldsymbol{x}_{id}^t\in[L_d,\ U_d]$，$L_d$，$U_d$ 分别为搜索空间的下限和上限。其速度信息为

$$\boldsymbol{v}_i^t=(v_{i1}^t,\ v_{i2}^t,\ \cdots,\ v_{id}^t)^{\mathrm{T}}$$

其中，$\boldsymbol{v}_{id}^t\in[v_{\min},\ v_{\max}]$，$v_{\min}$，$v_{\max}$ 分别为最小和最大速度。

个体最优位置：

$$p_i^t=(p_{i1}^t,\ p_{i2}^t,\ \cdots,\ p_{id}^t)^{\mathrm{T}}$$

全局最优位置：

$$p_g^t=(p_{g1}^t,\ p_{g2}^t,\ \cdots,\ p_{gd}^t)^{\mathrm{T}}$$

其中，$1\leqslant d\leqslant D$，$1\leqslant i\leqslant M$。

那么粒子下一时刻的位置变量通过下式更新获得：

$$v_{id}^{t+1}=\omega v_{id}^t+c_1r_1(p_{id}^t-x_{id}^t)+c_2r_2(p_{gd}^t-x_{id}^t) \tag{6.10}$$

$$x_{id}^{t+1}=x_{id}^t+v_{id}^{t+1} \tag{6.11}$$

粒子群算法可以用图 6.2 表示。

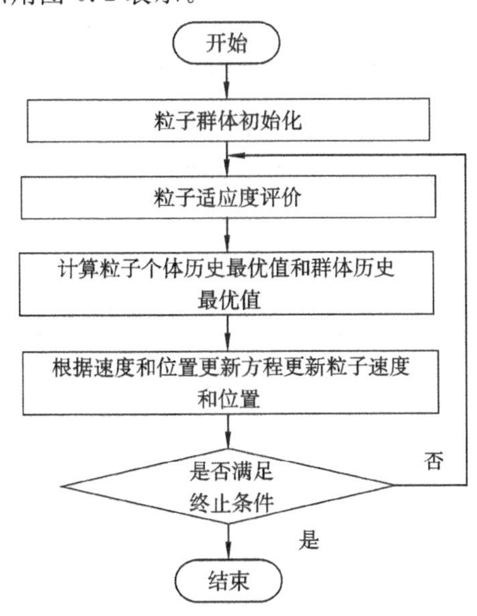

图 6.2　粒子群算法流程图

6.3.2 粒子群算法优化 LSSVM

基于粒子群算法优化最小二乘支持向量机参数的步骤为：

第一步，确定每个粒子的速度和位置。

第二步，对每个粒子进行最小二乘支持向量机回归训练，训练的结果找出最优位置，其值等于适应度函数值中的最大值。

第三步，根据位置和速度的更替算法改变粒子的位置和速度。

第四步，计算粒子的目标函数值。每个粒子计算出来的目标函数值和它最优的那个目标函数值相比，如果优于历史最优目标函数，则用当前粒子的目标函数替代历史最优值，否则仍使用原值，群体最优目标函数的取值也相同。

第五步，对自适应变换参数进行合理设置，防止所得到的解不是全局最优。

第六步，如果达到了最大迭代次数或者误差小于设置值，终止迭代。否则返回第三步。

第七步，根据以上求出的各参数建立回归预测模型。

算法的流程图如图 6.3 所示。

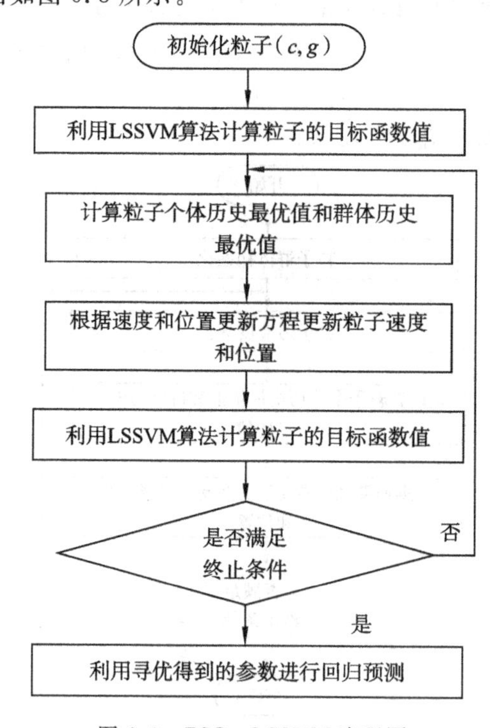

图 6.3 PSO－LSSVM 流程图

6.4　LSSVM 煤矿百万吨死亡率预测

利用支持向量机对煤矿百万吨死亡率进行预测，预测流程如图 6.4 所示。

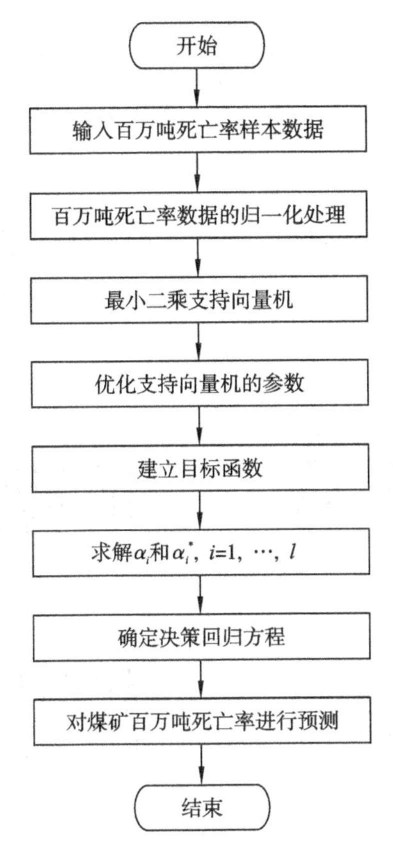

图 6.4　煤矿百万吨死亡率预测流程图

6.4.1　煤矿百万吨死亡率样本数据的归一化处理

第 3 章通过关联分析，进而选择关联度较大的 9 个特征作为煤矿百万吨死亡率预测的特征指标。本书选取了 2001 年～2011 年包括北京、山西、河南、河北、山东等 21 个省市的共 200 多个样本数据。随机选取 100 条煤矿百万吨死亡率训练样本和 20 条煤矿百万吨死亡率测试样本。样本数据的可视化图如图 6.5 所示。

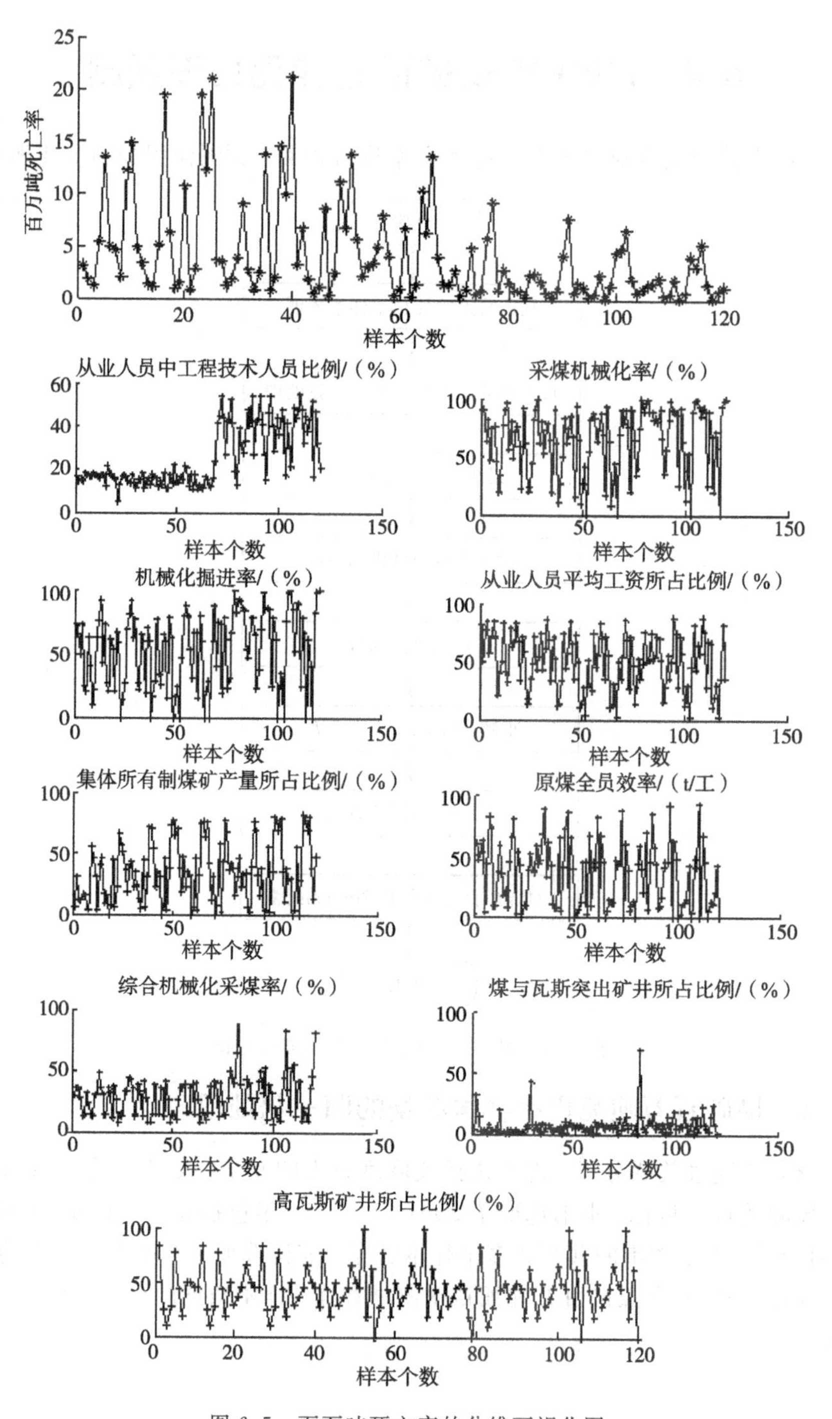

图 6.5 百万吨死亡率的分维可视化图

原始数据样本的量纲不同，如果直接用这些无量纲数据进行预测，所得到的模型本身就是不准确的，势必影响预测结果，所以首先对原始数据样本作归一化处理。

设 $x_{\max}$ 和 $x_{\min}$ 为原始样本数据的最大和最小值，x_i 代表原始数据，$\overline{x_i}$ 代表经过处理后的数据，如下式所示：

$$\overline{x_i} = \frac{x_i - x_{\min}}{x_{\max} - x_{\min}} \tag{6.12}$$

这样经过处理后的数据的取值空间都是一致的，最小值为0，最大值为1，经训练之后，可以通过(6.13)式计算还原原来的数据大小。

$$x_i = (x_{\max} - x_{\min})\overline{x_i} + x_{\min} \tag{6.13}$$

归一化后的样本如表6.1所示。

表6.1　煤矿百万吨死亡率归一化样本

从业人员中工程技术人员比例/(%)	采煤机械化率/(%)	综合机械化采煤率/(%)	机械化掘进率/(%)	集体所有制煤矿产量所占比例/(%)	原煤全员效率/(t/工)	从业人员平均工资/(元/人·年)	煤与瓦斯突出矿井所占比例/(%)	高瓦斯矿井所占比例/(%)	百万吨死亡率
0.227	0.892	0.726	0.919	0.075	0.261	0.043	0.839	0.323	0.147
0.195	0.908	0.648	0.560	0.376	0.324	0.462	0.232	0.258	0.083
0.209	0.638	0.489	0.867	0.152	0.329	0.194	0.095	0.053	0.056
0.190	0.815	0.718	0.956	0.147	0.247	0.038	0.269	0.726	0.254
0.265	0.466	0.249	0.628	0.202	0.074	0.023	0.778	0.741	0.640
0.240	0.742	0.198	0.791	0.185	0.085	0.049	0.423	0.598	0.236
…	…	…	…	…	…	…	…	…	…
0.228	0.778	0.630	0.567	0.374	0.271	0.054	0.448	0.470	0.231
0.223	0.892	0.750	0.946	0.052	0.278	0.024	0.839	0.323	0.158
0.243	0.963	0.920	0.445	0.499	0.471	0.289	0.232	0.258	0.063
0.239	0.566	0.433	0.354	0.566	0.339	0.035	0.095	0.053	0.049
0.142	0.799	0.723	0.883	0.220	0.282	0.021	0.269	0.726	0.239
…	…	…	…	…	…	…	…	…	…
0.270	0.851	0.643	0.957	0.000	0.332	0.008	0.188	0.069	0.019

续表

从业人员中工程技术人员比例/(%)	采煤机械化率/(%)	综合机械化采煤率/(%)	机械化掘进率/(%)	集体所有制煤矿产量所占比例/(%)	原煤全员效率/(t/工)	从业人员平均工资/(元/人·年)	煤与瓦斯突出矿井所占比例/(%)	高瓦斯矿井所占比例/(%)	百万吨死亡率
0.128	0.665	0.603	0.744	0.112	0.317	0.150	0.500	0.909	0.050
0.126	0.153	0.153	0.379	0.569	0.080	0.025	0.286	0.476	0.407
0.244	0.937	0.778	0.821	0.052	0.392	0.110	0.359	0.028	0.014
0.163	0.647	0.623	0.559	0.472	0.231	0.132	0.450	0.583	0.114
…	…	…	…	…	…	…	…	…	…
0.864	0.809	0.537	0.592	0.395	0.152	0.039	0.778	0.741	0.116
0.721	0.837	0.477	0.605	0.407	0.113	0.120	0.423	0.598	0.074
0.997	0.802	0.779	0.808	0.071	0.408	0.173	0.500	0.909	0.025
0.439	0.905	0.777	0.791	0.035	0.380	0.113	0.359	0.028	0.005
0.749	0.658	0.643	0.578	0.489	0.250	0.251	0.450	0.583	0.039
0.939	0.577	0.407	0.329	0.845	0.087	0.035	0.462	1.000	0.245
0.228	0.000	0.000	0.002	0.975	0.033	0.218	1.000	0.556	0.062
0.854	0.932	0.821	0.377	0.457	0.342	0.343	0.188	0.278	0.003
0.564	0.979	0.979	0.926	0.155	0.438	0.099	0.636	0.202	0.034
0.310	1.000	1.000	0.388	0.577	0.828	0.009	0.000	0.000	0.051

归一化样本数据的可视化图如图 6.6 所示。

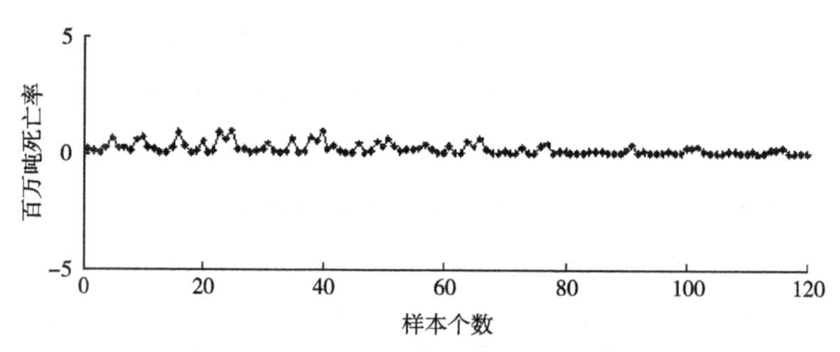

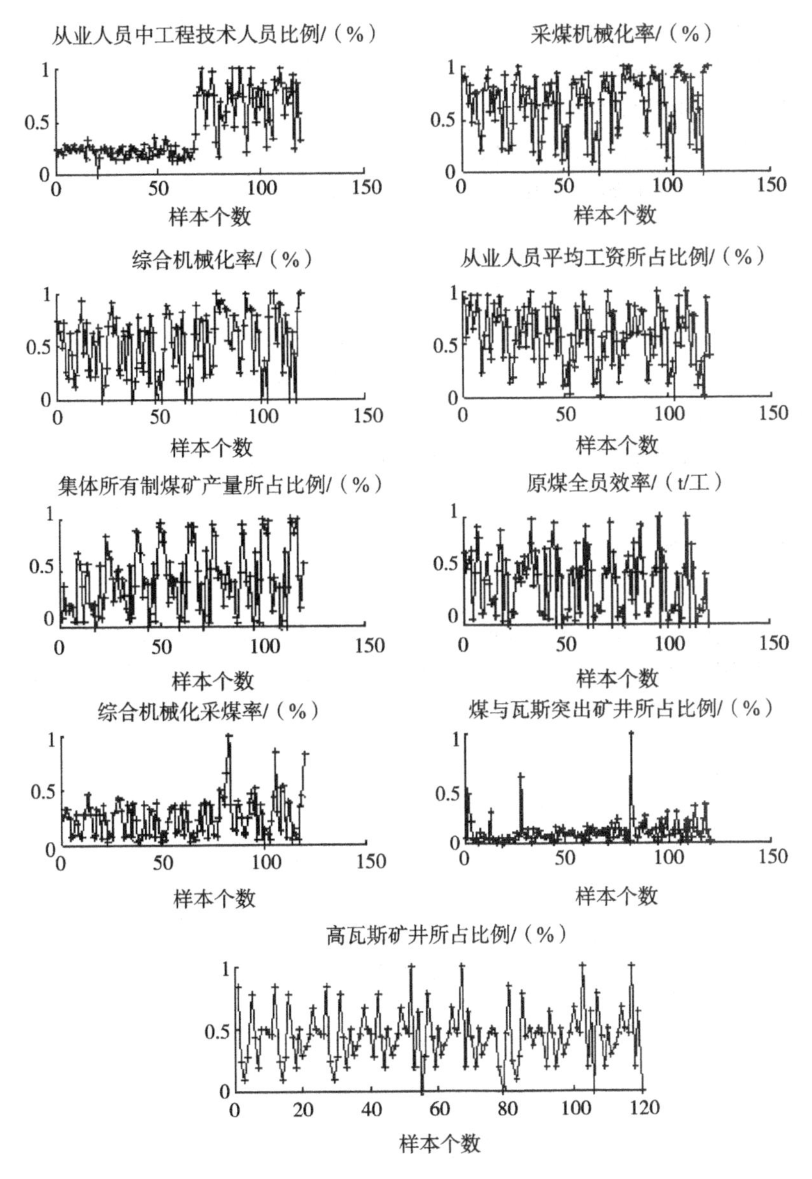

图 6.6　百万吨死亡率的归一化分维可视化图

6.4.2　煤矿百万吨死亡率模型参数选取

在此选用台湾大学林智仁教授等开发的 LIBSVM 作为支持向量回归模型的训练与测试工具。LIBSVM 是一个简单有效的支持向量机模式识别与回归的软件。该软件不仅提供了已经编译好的基于 Windows 操作系统的可执行文件，同时还提供了有关的软件程序源代码，以便于移植到其他操作系统中。

该软件提供了很多默认参数，但对支持向量机所涉及的参数调节等方面相对较弱。不过，利用软件的默认参数就可以解决很多实际问题，也就弥补了不能调节参数的弱点。另外该软件还提供了一些采用 Matlab 进行交互检验的功能。

本节主要研究了如何使用以下三种算法分别进行模型参数寻优，通过对比获得最优参数。

1）基于网格搜索(Grid Search，GS)算法的参数寻优

网格搜索是一种原始的、在给定空间里进行的参数搜索算法。它在原始数据空间中进行完全搜索，尝试各种可能的参数对，从中找出模型的最优参数。对于支持向量回归机来说，它会在解空间内全面搜索惩罚参数 c 和核函数参数 g，然后进行交叉验证，找出使交叉验证准确率最高的参数对(c，g)。因为网格搜索是穷尽搜索，所以在找到最优参数的方面是比较可靠的，搜索的时间取决于步长的设置值和搜索区间的设置值。

本节中，在采用网格搜索法对训练样本进行参数的选取时，惩罚参数的值在 $2^{-8}\sim2^{8}$ 这个范围内搜索，径向基核参数的值也在 $2^{-8}\sim2^{8}$ 这个范围内搜索，交叉验证采用 3 折交叉验证，参数寻优的步长均设为 1，即参数 c，g 的取值为 $2^{\sqrt{gmin}}$，$2^{gmin+gstep}$，…，2^{gmax}，最终得到的寻优参数如表 6.2 所示，得到参数选择结果图如图 6.7 和图 6.8 所示，从图中可以看出最优参数的大概位置及取值。

表 6.2　网格搜索算法的各参数值

参数名称	惩罚参数	核函数参数	搜索时间/(秒)	均方误差
参数值	2	0.125	13.5194	0.0476

SVR参数选择结果图（等高线图）[GridSearchMethod]
Best c=2 g=0.125 CVmse=0.04762

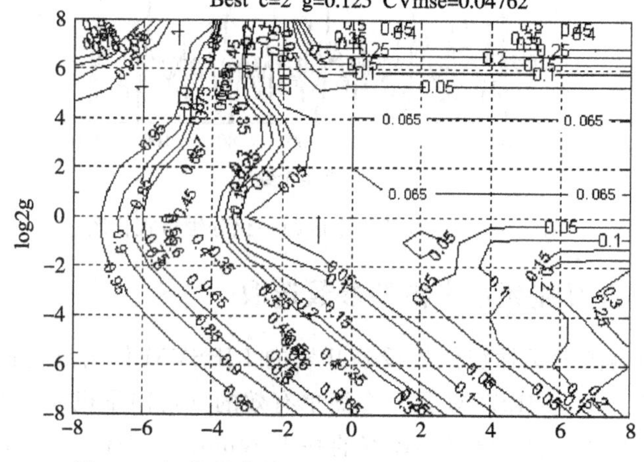

图 6.7　网格搜索算法的参数选择结果等高线图

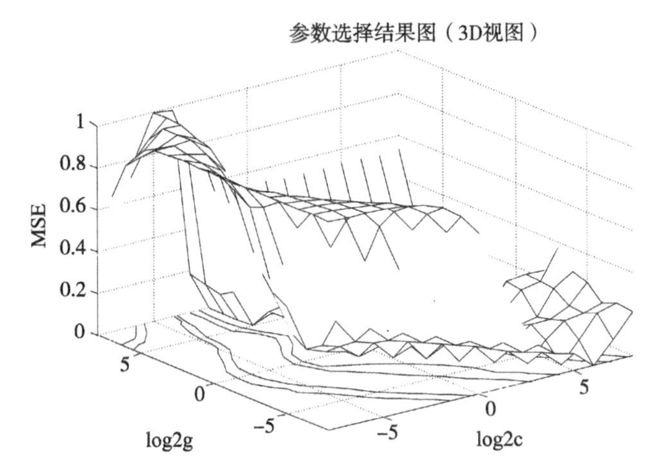

图 6.8　网格搜索算法的参数选择结果 3D 图

2）基于遗传算法优化的参数寻优

利用 GA 优化算法对煤矿百万吨死亡率预测时步骤如下。

（1）参数初始化。终止代数为 200，群体规模为 20，每个染色体用 20 位进行编码，参数 g 的最小值为 0，最大值为 1000，参数 c 的最小值为 0，最大值为 100，默认最优初值为 0，适应度函数用均方误差来表示，均方误差的大小反应了个体的适应度，采用 3 -折交叉验证；

（2）进行支持向量回归机的训练时，先产生 20 个染色体，分别用二进制编码；

（3）训练模型先进行验证训练，检验训练的标准是上面所述的 3 -折交叉验证，每个染色体的适应度函数用其均方误差来表示，进而形成均方差矩阵，从中找出均方差最小的染色体，这个染色体的值就是整个种群的初值 bestc、bestg；

（4）对初始种群进行选择操作，代沟率取 0.9；

（5）对于选中的染色体进行单点交叉重组操作，交叉概率取 0.7；

（6）变异操作新得到的种群，其概率设置为 0.7；

（7）完成上面所有步骤后，回归训练新的个体，用以替换父代中的染色体，适应度值的大小决定了染色体的好坏。

（8）最后检查模型是否满足终止条件，如果是，则结束，否则返回步骤(6)继续执行。

利用 GA 优化算法，参数选择结果如表 6.3 所示，适应度曲线如图 6.9 所示。

表 6.3　GA 算法的各参数值

参数名称	惩罚参数	核函数参数	搜索时间/(秒)	均方误差
参数值	163.3892	2.3711	19.70677251	0.0281

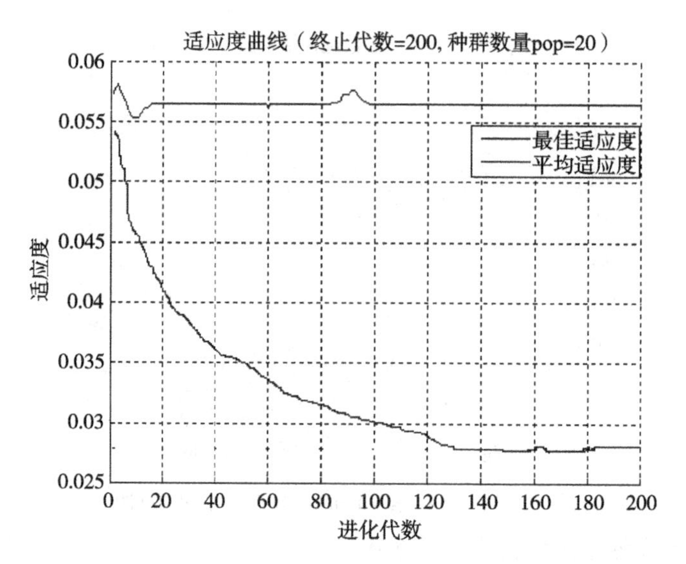

图 6.9 GA 寻找最佳参数的适应度(准确率)曲线

3）基于 PSO 优化的参数寻优

利用 PSO 对煤矿百万吨死亡率预测时，参数设置如下。

粒子群优化算法的参数寻优过程中，算法的局部搜索能力 c_1 初值为 1.5，参数全局搜索能力 c_2 的初值为 1.7，最大进化数量 maxgen 的初值为 200，种群的最大数量 sizepop 初值为 20，影响搜索速率的参数 k 设为 0.6，3 -折交叉验证进行误差验证，速率更新公式中速度前面的弹性系数 V 为 1，种群更新公式中速度前面的弹性系数 wp 设为 1，支持向量机的交叉验证参数 v 设为 10，SVM 参数 c 的变化的最大值、最小值也为 $2^{-8}\sim2^{8}$，SVM 参数 g 的变化的最大值、最小值 popgmin 为 $2^{-8}\sim2^{8}$，粒子群优化得到的参数及算法性能参数如表 6.4 所示，最终的寻优曲线如图 6.10 所示。

表 6.4 粒子群优化参数及算法性能参数

参数名称	惩罚参数	核函数参数	搜索时间/(秒)	均方根误差
参数值	61.7686	0.00390623	9.0238	0.0174

各种参数优化算法对比表如表 6.5 所示。

表 6.5 参数优化算法对比

寻参算法	惩罚参数	核函数参数	搜索时间/(秒)	均方误差
GS	2	0.125	13.5194	0.0476
GA	163.3892	2.3711	19.70677251	0.0281
PSO	61.7686	0.00390623	9.0238	0.0174

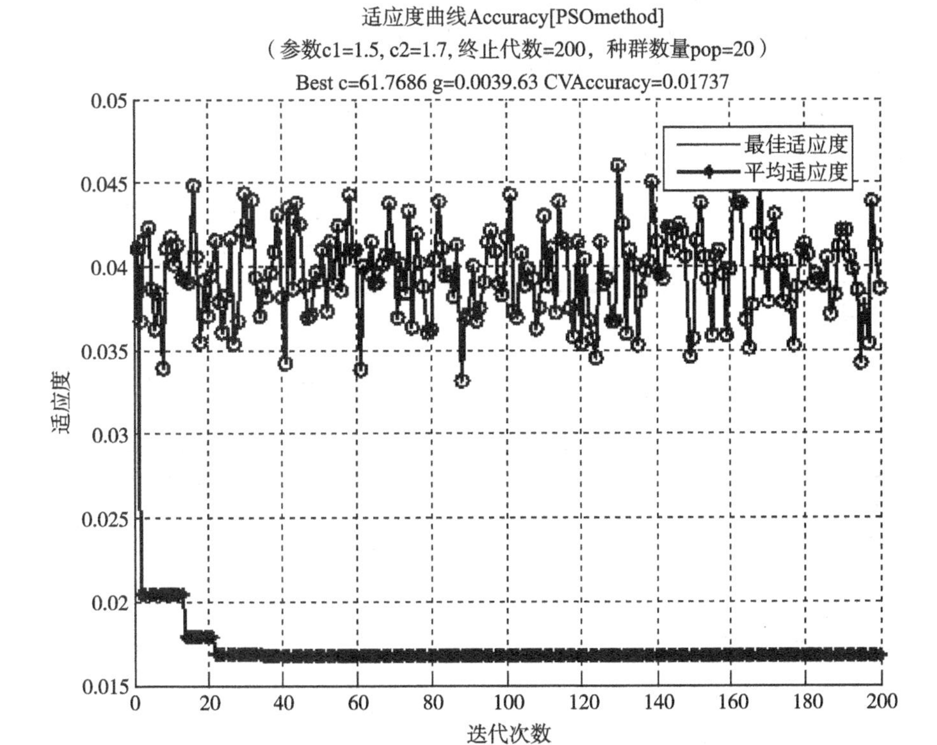

图 6.10　PSO 寻找最佳参数的适应度(准确率)曲线

以上结果可以看出：

(1) 网格搜索算法搜索速度快，算法最简单，容易实现，但训练样本的均方根误差最大，在对样本精度要求较高的情况下，是不可取的；

(2) 粒子群算法和遗传算法相比，遗传算法的编码技术和操作相对简单，但粒子群算法不存在交叉(crossover)操作和变异(mutation)操作，粒子搜索时只是在解空间追随最优的粒子进行，更容易实现，从表 6.5 可以看出，GA 参数优化算法速度小于 PSO 参数优化算法，而均方根误差也大于 PSO 算法。

(3) 从图 6.10 中可以看出，所有的粒子很快收敛于最优解，所以和遗传算法相比，PSO 算法收敛速度更快、更有效。

6.4.3　煤矿百万吨死亡率训练样本预测

在 MATLAB 环境下，使用 LIBSVM 工具箱，核函数选取径向基函数(RBF)，采用交叉验证法确定惩罚函数 C 和核函数参数 g。

取前 100 个样本数据作为训练样本，余下的样本数据作为测试样本。分别将上述三种参数优化算法得到的最佳参数作为训练模型，可分别得到三种训练模型下的训练样本预测值和训练样本的绝对误差。

（1）基于GS搜索算法的训练样本的预测值和绝对误差如图6.11所示，训练样本数据的平均绝对误差是0.111084，均方误差是0.0213，平方相关系数为0.6522，支持向量数量28个。

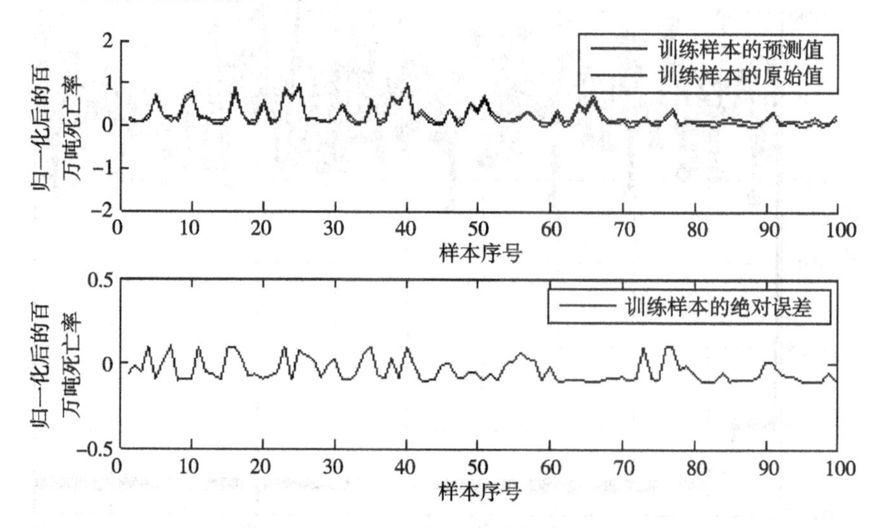

图6.11　基于GS的训练样本预测值误差

（2）基于GA搜索算法的训练样本的预测值和绝对误差如图6.12所示，训练样本数据的平均绝对误差是0.0945，均方误差是0.0132，平方相关系数为0.8941，支持向量数量28个。

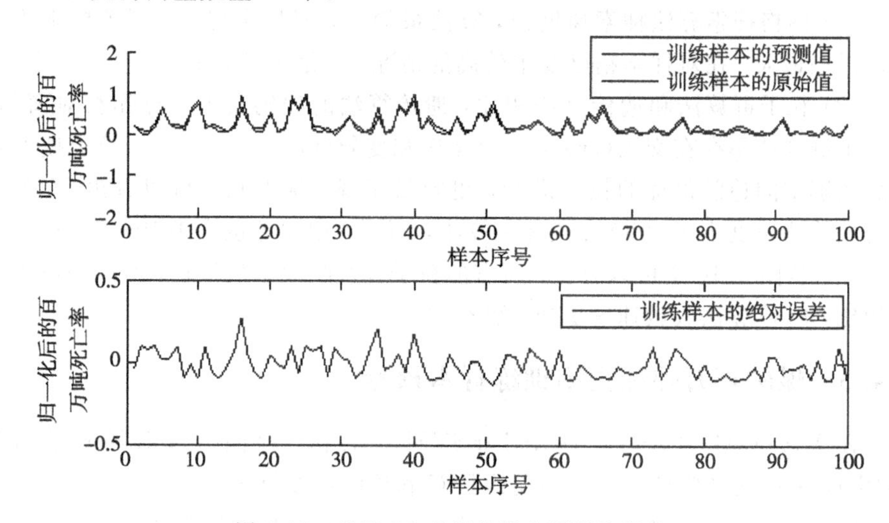

图6.12　基于GA的训练样本预测值误差

(3) 基于 PSO 搜索算法的训练样本的预测值和绝对误差如图 6.13 所示，训练样本数据的平均绝对误差是 0.077 806，均方误差是 0.0072，平方相关系数为 0.9598，支持向量数量 28 个。

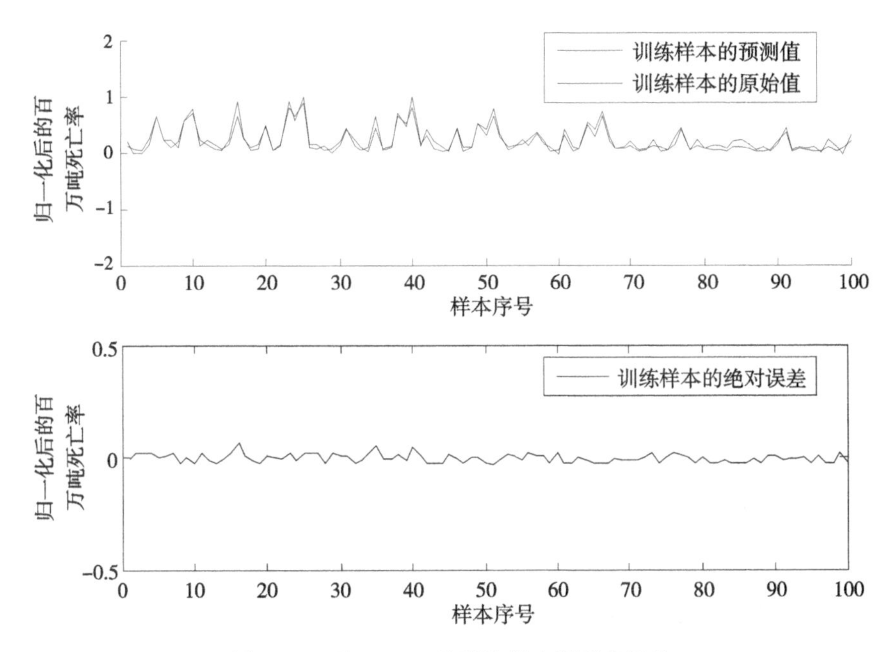

图 6.13　基于 PSO 的训练样本预测值误差

从以上三种算法对训练样本的误差对比图可以看出，PSO 算法的训练样本的绝对误差最小，均方误差最小，所以更有效。

6.4.4　煤矿百万吨死亡率测试样本预测

利用 PSO 算法得到的模型，对测试样本进行预测，验证模型的推广性能。测试样本选取的是近两年某些省份的百万吨死亡率，分别对这两年的样本进行预测分析。

(1) 2009 年预测结果如表 6.6 和图 6.14 所示，测试样本原始数据的平均相对误差是 0.0879 ，最大相对误差 0.4519，最小相对误差 0.0036。

(2) 2010 年预测结果如表 6.7、图 6.15 和图 6.16 所示，测试样本原始数据的平均相对误差是 0.1371，最大相对误差 0.4278，最小相对误差 0.0125。

表 6.6 2009 年煤矿百万吨死亡率预测结果

省份编号	实际值	PSO - SVR 预测值	绝对误差	相对误差	精度
1	2.041	2.0512	−0.0102	0.005	0.995
2	1.226	1.1881	0.0379	0.0309	0.9691
3	0.845	0.842	0.003	0.0036	0.9964
4	0.221	0.1211	0.0999	0.4519	0.5481
5	2.81	2.8656	−0.0556	0.0198	0.9802
6	7.058	7.2312	−0.1732	0.0245	0.9755
7	2.733	2.6483	0.0847	0.031	0.969
8	0.272	0.2156	0.0564	0.2072	0.7928
9	1.057	0.9885	0.0685	0.0648	0.9352
10	4.83	4.6348	0.1952	0.0404	0.9596

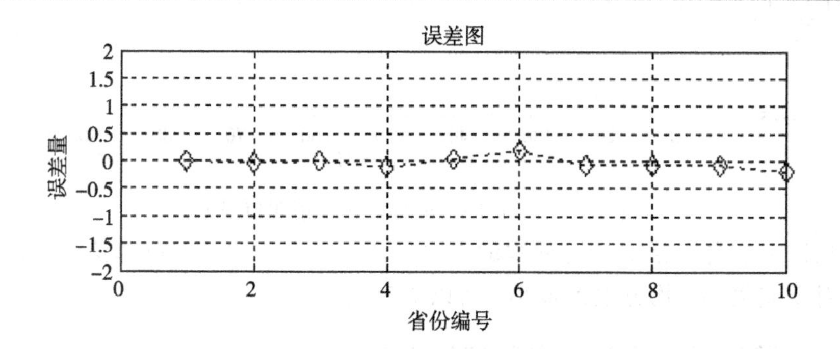

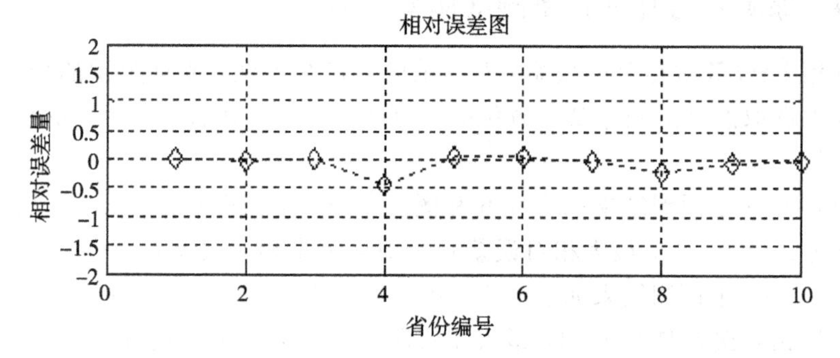

图 6.14 2009 年煤矿百万吨死亡率预测误差

表 6.7　2010 年煤矿百万吨死亡率预测结果

省份编号	实际值	PSO－SVR 预测值	绝对误差	相对误差	精度
1	1.4853	1.4394	0.0459	0.0309	0.9691
2	0.8080	0.7080	0.1000	0.1238	0.8762
3	0.7234	0.6937	0.0298	0.0411	0.9589
4	0.1959	0.1329	0.0631	0.3219	0.6781
5	2.2977	2.3264	－0.0288	0.0125	0.9875
6	2.4989	2.5959	－0.0970	0.0388	0.9612
7	1.6242	1.5814	0.0428	0.0264	0.9736
8	0.5870	0.4868	0.1002	0.1708	0.8292
9	0.1538	0.0880	0.0658	0.4278	0.5722
10	0.8710	0.7170	0.1540	0.1768	0.8232

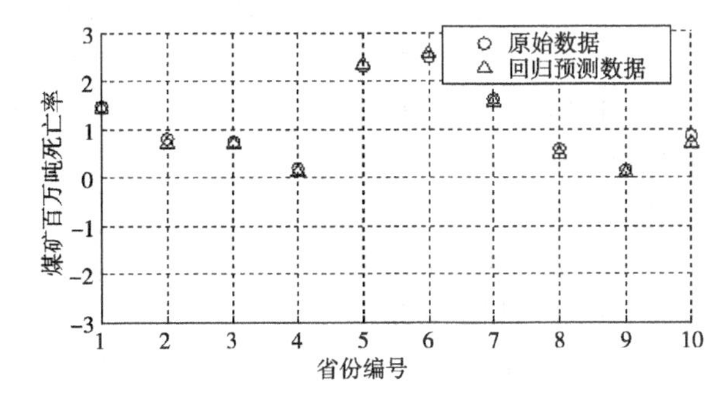

图 6.15　2010 年煤矿百万吨死亡率原始值和预测值

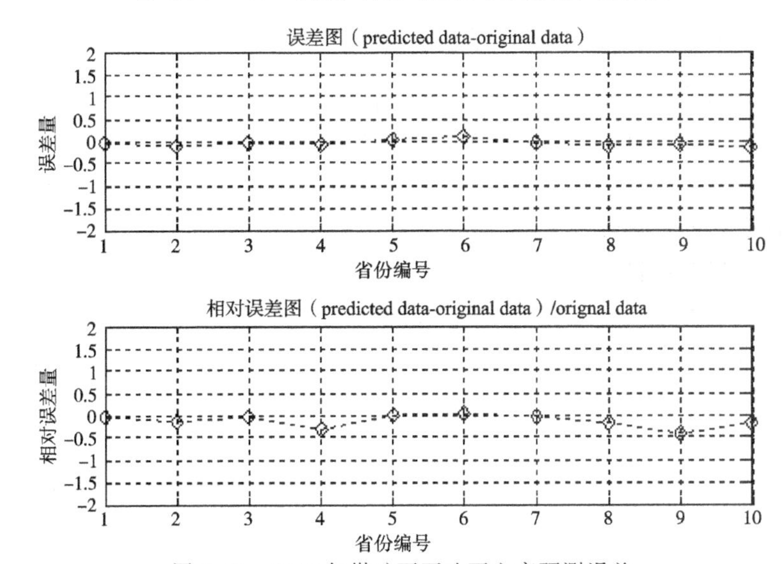

图 6.16　2010 年煤矿百万吨死亡率预测误差

6.5 D_m-GM(1，1)-LSSVM 煤矿百万吨死亡率预测

支持向量机预测和灰色预测虽然各自具有不同的理论基础，但也不是完全不同。抓住它们的共同点，在解决小样本数据问题时会非常有优势。线性最优分类超平面奠定了支持向量机方法的基础。灰色 *GM*(1，1)模型既具有微分方程又具有差分方程，为了排除系统数据所受到的干扰，该模型通过算法在原始数据的基础上生成新的数据。实际上灰色模型可以看作一条拟合曲线，因为灰色模型和传统的机器学习算法一样，都不是基于结构风险最小化原则，所以预测的结果不一定理想；而支持向量机不同于传统的机器学习算法，该算法同时考虑了经验风险和置信范围两部分内容，即结构风险最小化原则，所以预测准确、可靠。在 6.4.3 及 6.4.4 两节对煤矿百万吨死亡率训练样本和测试样本的预测中可以看出，本书运用支持向量机进行煤矿百万吨死亡率预测时，需要提供当年的各个影响参数，而各个影响参数也需要预测得到，所以支持向量机预测算法需要结合一种预测算法才能最终预测煤矿百万吨死亡率。因此，本书选择灰色预测和支持向量机模型组合，试图通过原始数据累加来增强数据的规律性，采用结构风险最小化准则识别模型参数，通过两个模型的有效组合，可以提高预测的精度。在前面预测的基础上，以 2010 年的未来两年部分产煤省份为例，预测煤矿的百万吨死亡率。

6.5.1 2010 的未来两年指标灰色预测

灰色预测模型在对变动的系统预测时，其预测模型的应用优势大大降低。由于系统本身的不稳定从而无法保证原始数据的准确性和可靠性，因此，目前灰色预测模型下一步的研究重点放在如何使定性分析与定量预测完美结合，使原始数据受到的影响降到最低，尽量去除外部环境对系统造成的影响。

为了达到上述目的，此处引入缓冲算子，它是为了排除行为数据受到的干扰而作用在原始序列上的数学函数方法。这样，经过运算后的数据序列就可以免受干扰带来的失真，修正原始数据，提高离散数据的光滑度，有效地控制发展系数，提高预测的准确度。第 4 章通过实例验证了 D_m-$GM(1，1)$预测模型的有效性，从全国及各区域的预测值来看，预测精度基本上能达到 90% 以上，模型精度为“好”。所以我们采用第 4 章煤矿百万吨死亡率指标归一化后的预测值如表 6.8 所示。

表 6.8 2010 年的未来两年指标归一化后的预测值

年份	省份编号	从业人员中工程技术人员比例/(%)	从业人员平均工资/(元/人·年)	综合机械化采煤率/(%)	集体所有制煤矿产量所占比例/(%)	采煤机械化率/(%)	原煤全员效率/(t/工)	机械化掘进率/(%)	煤与瓦斯突出矿井所占比例/(%)	高瓦斯矿井所占比例/(%)
2011 年	1	0.440	0.908	0.862	0.512	0.441	0.437	0.104	0.448	0.470
	2	0.570	0.452	0.860	0.803	0.262	0.087	0.022	1.000	0.000
	3	0.646	0.973	0.958	0.991	0.011	0.369	0.096	0.839	0.323
	4	0.541	0.999	0.991	0.617	0.232	0.614	0.983	0.232	0.258
	5	0.277	0.926	0.895	0.431	0.694	0.962	0.172	0.095	0.053
	6	0.457	0.943	0.904	0.859	0.182	0.259	0.044	0.269	0.726
	7	0.830	0.934	0.847	0.658	0.348	0.246	0.032	0.778	0.741
	8	0.712	0.855	0.517	0.572	0.363	0.081	0.133	0.423	0.598
	9	0.816	0.920	0.893	0.900	0.000	0.431	0.002	0.188	0.069
	10	0.970	0.890	0.884	0.768	0.043	0.453	0.146	0.500	0.909
	11	0.810	0.242	0.242	0.266	0.681	0.033	0.023	0.286	0.476
	12	0.434	0.888	0.779	0.681	0.000	0.317	0.088	0.359	0.028
	13	0.741	0.672	0.655	0.666	0.340	0.314	0.246	0.450	0.583
	14	0.570	0.196	0.000	0.086	0.996	0.000	0.069	0.667	0.708
	15	0.701	0.711	0.613	0.181	0.944	0.099	0.051	0.500	0.556
	16	0.898	0.577	0.407	0.295	0.842	0.048	0.023	0.462	1.000
	17	0.860	0.937	0.935	0.183	0.915	0.188	0.403	0.417	1.000
	18	0.046	0.000	0.000	0.000	0.971	0.000	0.158	1.000	0.556
	19	0.795	0.932	0.821	0.338	0.455	0.275	0.251	0.188	0.278
	20	0.449	0.979	0.979	0.833	0.155	0.360	0.070	0.636	0.202
	21	0.141	0.100	1.000	0.909	0.052	0.523	0.000	0.125	0.556
	22	0.145	1.000	1.000	0.348	0.575	0.706	0.004	0.000	0.000

续表

年份	省份编号	从业人员中工程技术人员比例/(%)	从业人员平均工资/(元/人·年)	综合机械化采煤率/(%)	集体所有制煤矿产量所占比例/(%)	采煤机械化率/(%)	原煤全员效率/(t/工)	机械化掘进率/(%)	煤与瓦斯突出矿井所占比例/(%)	高瓦斯矿井所占比例/(%)
2012年	1	0.022	0.910	0.885	0.505	0.426	0.503	0.078	0.112	0.803
	2	0.618	0.000	0.000	0.800	0.269	0.075	0.023	0.004	0.695
	3	0.714	0.975	0.964	1.000	0.016	0.377	0.097	0.502	0.487
	4	0.540	1.000	0.994	0.631	0.224	0.627	1.000	0.154	1.166
	5	0.320	0.924	0.901	0.404	0.708	1.000	0.199	0.103	0.295
	6	0.509	0.958	0.913	0.865	0.178	0.285	0.047	0.338	0.455
	7	0.909	0.942	0.868	0.698	0.325	0.256	0.033	0.093	0.065
	8	0.749	0.862	0.526	0.560	0.369	0.083	0.140	3.696	0.447
	9	0.828	0.934	0.901	0.903	0.000	0.443	0.002	5.914	1.065
	10	1.000	0.916	0.904	0.776	0.039	0.468	0.143	0.572	4.476
	11	0.784	0.253	0.248	0.256	0.676	0.041	0.027	1.513	1.148
	12	0.398	0.908	0.781	0.659	0.000	0.329	0.098	1.294	3.556
	13	0.786	0.692	0.674	0.685	0.368	0.320	0.250	0.373	1.046
	14	0.616	0.224	0.000	0.086	1.000	0.008	0.072	0.124	0.086
	15	0.729	0.747	0.650	0.201	0.949	0.107	0.054	0.324	0.176
	16	0.974	0.607	0.422	0.305	0.848	0.051	0.078	0.791	0.615
	17	0.832	0.950	0.954	0.183	0.915	0.190	0.412	0.417	0.889
	18	0.080	0.000	0.000	0.008	0.978	0.009	0.065	1.000	0.556
	19	0.831	0.951	0.858	0.343	0.460	0.213	0.270	0.188	0.278
	20	0.507	0.981	0.985	0.829	0.157	0.369	0.073	0.248	0.256
	21	0.175	1.000	1.000	0.917	0.049	0.542	0.001	0.781	0.659
	22	0.163	1.000	1.000	0.380	0.548	0.694	0.008	0.674	0.685

6.5.2　2010 的未来两年煤矿百万吨死亡率 D_m- GM(1, 1)- LSSVM 预测

根据表 6.7 中的各组数据，利用 6.4 节建好的 LSSVM 预测模型，借助 Matlab 软件，可以得到未来两年煤矿百万吨死亡率的预测值如表 6.9 和图6.17 所示。

表 6.9　2010 年的未来两年煤矿百万吨死亡率预测值

地区	2011 年预测值	2011 年实际值	2011 年下达值	2012 年预测值
总计	0.612	0.564	0.800	0.545
北京	1.433	0.000	1.600	1.209
河北	0.420	0.390	0.600	0.591
山西	0.100	0.086	0.200	0.201
内蒙	0.045	0.050	0.100	0.029
辽宁	0.874	0.890	0.900	0.833
吉林	1.001	0.880	1.400	1.107
黑龙江	0.899	1.000	1.100	0.645
江苏	0.210	0.190	0.400	0.112
安徽	0.267	0.292	0.400	0.256
江西	1.315	1.281	2.200	2.284
山东	0.290	0.300	0.600	0.240
河南	0.207	0.192	0.600	1.024
湖南	3.054	3.140	4.300	3.065
四川	3.554	3.229	3.800	3.013
重庆	3.375	3.200	4.300	4.012
贵州	1.722	1.788	2.100	2.216
云南	0.609	0.560	1.200	0.752
陕西	0.192	0.180	0.300	0.182
甘肃	0.724	0.766	0.700	0.591
宁夏	0.104	0.090	0.200	0.109

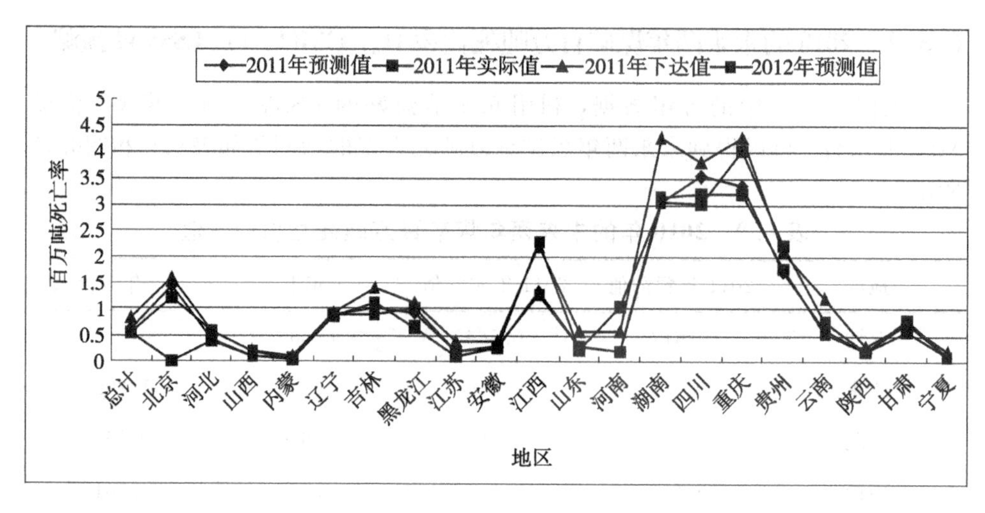

图 6.17　2010 年的未来两年煤矿百万吨死亡率预测值对比

6.5.3　与其他预测方法的比较

对同样的 2011 年的同一省份的煤矿百万吨死亡率数据，分别利用灰色预测模型、BP 神经网络组合预测模型和此处提出的多阶灰色最小二乘支持向量机预测模型进行预测，预测结果见表 6.10 和图 6.18 所示，误差对比如图 6.19 所示。表 6.10 中，利用支持向量机预测的平均相对误差为 7.63%，最大预测误差为 16.28%；采用 BP 神经网络进行预测的平均相对误差为 25.21%，最大预测误差为 57.71%，采用灰色预测模型进行预测的平均相对误差为 34.3%，最大预测误差为 57.2%，通过对三种预测结果比较分析，采用本书提出的多阶灰色最小二乘支持向量机预测模型精度优于 BP 神经网络组合预测模型和灰色预测模型。

表 6.10　预测结果分析

2011 年样本	多阶灰色最小二乘支持向量机预测模型(本书采用)				BP 神经网络组合预测模型				GM(1，1)预测模型			
实际值	预测值	误差值	误差	精度	预测值	误差值	误差	精度	预测值	误差值	误差	精度
0.564	0.612	0.048	0.085	0.915	0.743	0.179	0.317	0.683	0.705	0.141	0.25	0.75
0.19	0.21	0.02	0.105	0.895	0.28	0.09	0.474	0.526	0.26	0.07	0.368	0.632
0.56	0.609	0.049	0.088	0.913	0.883	0.323	0.577	0.423	0.802	0.242	0.432	0.568

续表

2011 年样本	多阶灰色最小二乘支持向量机预测模型(本书采用)				BP 神经网络组合预测模型				GM(1, 1)预测模型			
实际值	预测值	误差值	误差	精度	预测值	误差值	误差	精度	预测值	误差值	误差	精度
0.086	0.1	0.014	0.163	0.837	0.103	0.017	0.192	0.808	0.113	0.027	0.309	0.691
0.05	0.045	0.005	0.1	0.9	0.046	0.004	0.08	0.92	0.048	0.002	0.038	0.962
0.89	0.874	0.016	0.018	0.982	1.241	0.351	0.394	0.606	1.305	0.415	0.466	0.534
0.88	1.001	0.121	0.138	0.863	1.21	0.33	0.375	0.625	1.201	0.321	0.365	0.635
1	0.899	0.101	0.101	0.899	0.772	0.228	0.228	0.772	0.812	0.188	0.188	0.812
0.292	0.267	0.025	0.086	0.914	0.403	0.111	0.379	0.621	0.388	0.096	0.33	0.671
1.281	1.315	0.034	0.027	0.974	1.43	0.149	0.116	0.884	1.621	0.34	0.266	0.734
0.3	0.29	0.01	0.033	0.967	0.204	0.097	0.322	0.678	0.413	0.113	0.377	0.623
0.192	0.207	0.015	0.078	0.922	0.301	0.109	0.568	0.432	0.258	0.066	0.341	0.659
3.14	3.054	0.086	0.027	0.973	3.254	0.114	0.036	0.964	4.251	1.111	0.354	0.646
3.229	3.554	0.325	0.101	0.899	4.554	1.325	0.41	0.59	4.447	1.218	0.377	0.623
3.2	3.375	0.175	0.055	0.945	2.5	0.7	0.219	0.781	3.99	0.79	0.247	0.753
1.788	1.722	0.066	0.037	0.963	2.325	0.537	0.3	0.7	2.556	0.768	0.43	0.571
0.56	0.602	0.042	0.076	0.925	0.622	0.062	0.111	0.889	0.681	0.121	0.216	0.784
0.18	0.192	0.012	0.067	0.933	0.247	0.067	0.372	0.628	0.283	0.103	0.572	0.428
0.766	0.724	0.042	0.055	0.945	0.732	0.034	0.044	0.956	1.07	0.304	0.397	0.603
0.09	0.104	0.014	0.159	0.841	0.105	0.015	0.167	0.833	0.12	0.03	0.333	0.667
0.77	0.765	0.005	0.007	0.994	0.78	0.01	0.013	0.987	1.201	0.431	0.56	0.44
平均误差	7.63%				25.21%				34.3%			
最大误差	16.28%				57.71%				57.2%			

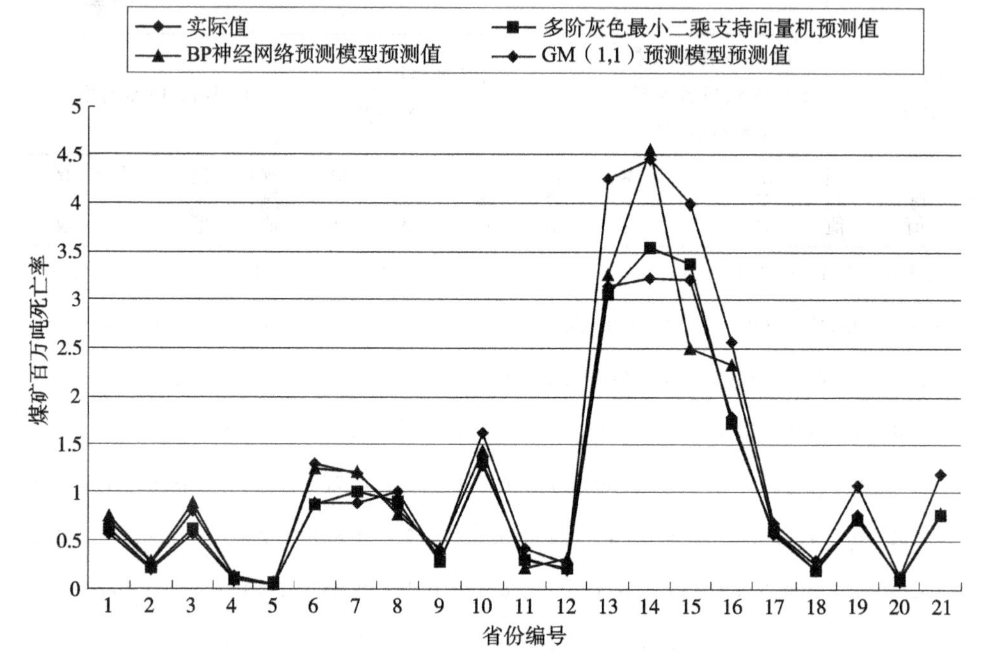

图 6.18 预测值对比

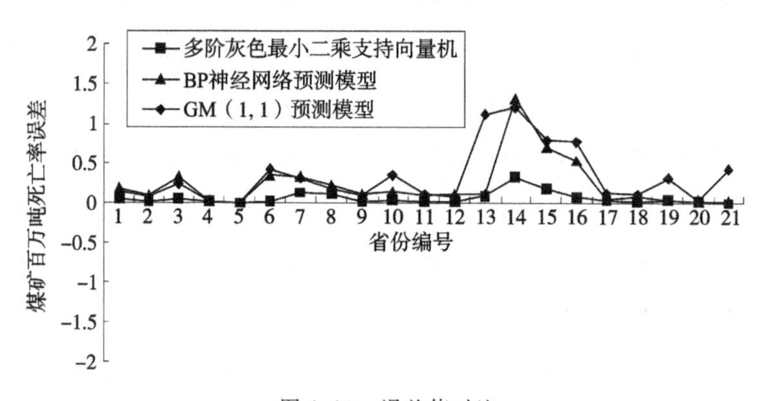

图 6.19 误差值对比

结 束 语

一、主要工作与创新

我国煤矿 90%以上是井工矿，随着开采深度和开采规模的日益扩大，将给煤矿安全问题提出新的挑战。从近些年的煤矿安全分析数据可以看出煤矿安全事故仍然很严峻，依然要加大管理力度和采取相应的安全措施。煤矿百万吨死亡率是衡量一个地区煤矿安全形势的一个重要指标，从近年来国家下发的各类煤矿安全生产控制指标来看，其中都包括煤矿百万吨死亡率，所以如何较准确地预测全国及各产煤行政区域的煤矿百万吨死亡率就变得非常重要。

Vapnik 等人早在 20 世纪末就首次把支持向量机的概念公布于众，它基于结构风险最小化原则，在样本有限的情况下，希望从机器的学习能力和模型的复杂性之间找出最佳方案，从而在样本量较小的情况下也能获得良好的学习效果和泛化能力。支持向量机可以解决非线性、高维、局部极小值等很多问题，所以非常适合本书的研究工作。支持向量机在预测煤矿百万吨死亡率时，需要事先确定与煤矿百万吨死亡率强相关的影响因素的值，本书利用 D_m- GM(1，1) 预测模型首先确定各指标的值，然后结合支持向量机进行预测。

本书的研究内容归纳如下：

(1) 系统地介绍了最优化理论、机器学习问题、经验风险最小化原则和结构风险最小化原则的原理以及它们之间的区别、VC 维的概念、灰色关联分析和常用的预测模型，最后重点介绍了基于支持向量机的回归问题的求解思路，本部分作为煤矿百万吨死亡率预测的基础理论。

(2) 煤矿百万吨死亡率影响因素众多，本书利用灰色关联分析和两种改进的灰色关联分析方法，通过不同年份煤矿百万吨死亡率数据样本、不同分析方法的综合对比，找出煤矿百万吨死亡率的关键影响因素，建立了精简而又准确的煤矿百万吨死亡率指标体系。

(3) 研究了对煤矿百万吨死亡率的各指标值进行预测的算法。结合实例数据，通过灰色模型、多阶灰色模型预测结果相比较，提出了基于多阶缓冲算子的灰色预测模型。利用缓冲序列算子可以对初始数据进行修正，有效地控制发展系数，提高离散数据的光滑度，以便进行更准确的预测。

(4) 介绍了最小二乘支持向量机的概念，讨论了建立最小二乘支持向量机预测模型时需重点关注的问题。针对不同的实际应用，分析了模型的适应性，在此基础上提出了一种灰色最小二乘支持向量机组合预测新模型 D_m-GM(1, 1)-LSSVM。在采用支持向量机进行预测时，模型参数的选取对灰色最小二乘支持向量机模型尤其关键，惩罚参数和核参数分别影响模型的推广性能和模型解的复杂性。本书对 LSSVM 的参数优化进行研究，利用遗传算法(GA)、粒子群算法(PSO)和网格搜索算法(GS)三种算法分别对模型进行参数寻优，最终选出预测精度较高的参数寻优算法，并结合实例对煤矿百万吨死亡率进行样本选取、归一化处理，通过参数寻优算法找出最优参数，从而确定最小二乘支持向量机预测模型，通过训练样本建立训练模型，然后用测试样本检验模型的准确性，最后用灰色模型预测的影响煤矿百万吨死亡率的各指标值作为最小二乘支持向量机的输入对煤矿百万吨死亡率进行预测，预测实例分析表明了组合模型的有效性。

二、进一步研究方向

本书对煤矿百万吨死亡率进行预测，虽然取得了一定的成果，但是受一些客观条件的限制，还需要对以下内容作进一步的研究。

(1) 煤矿百万吨死亡率是一个动态、复杂的巨系统，影响煤矿百万吨死亡率的因素很多，本书也收集了大量影响煤矿百万吨死亡率的相关数据，但受客观条件、自身认识的限制，数据的内容和数量有待进一步充实。

(2) 在对支持向量机模型的研究中，直接采用了广泛应用的径向基核函数，没有跟其他核函数进行对比。今后可以对支持向量机的核函数进行研究，找出更适合的核函数，从而提高预测精度，这也是支持向量机的研究课题之一。

(3) 仅预测了煤矿百万吨死亡率的值，该值毕竟存在误差，下一步可以考虑预测煤矿百万死亡率的区间值，为煤矿管理人员及国家安全管理决策提供更加科学的参考依据。

(4) 本书对省区的煤矿百万吨死亡率进行了预测，可以进一步延伸到市、企业的煤矿百万吨死亡率预测研究；预测模型所使用的样本数据通过不断更新，进一步实现对未来年限的煤矿百万吨死亡率的预测研究。

参考文献

[1] 中国煤炭工业网:http://www.chinacoal.gov.cn.
[2] 国家安全生产监督管理局:http://www.chinasafety.gov.cn.
[3] 国务院令(2005)18号. 国务院关于促进健康发展的若干意见[R]. 国务院. 2005.
[4] 2000—2011年. 煤炭工业统计年报[R]. 国家安全监管总局.
[5] 2000—2011年全国煤炭工业生产安全事故统计分析报告[R]. 国家煤矿安全监察局统计司.
[6] 国家煤矿安监局事故调查司，国家安全监管总局国际交流合作中心. 世界主要产煤国家煤矿安全生产状况及事故案例[Z]. 2010.
[7] 安监总规划〔2007〕41号. 煤矿安全生产“十一五”规划[S]. 国家安全监管总局，2007.
[8] 李艳梅，张雷. 中美煤矿安全比较与借鉴[J]. 中国安全科学学报，2005，15(11)：45-47.
[9] 彭成. 中美煤矿安全差距三大原因解读[N]. 中国安全生产报，2005.
[10] 支同祥. 充分认识新形势下调度统计重要内涵 发挥安全生产调度统计的功能和作用[R]. 2006.
[11] 国务院(2004)2号. 国务院关于进一步加强安全生产工作的决定[S]. 国务院，2004.
[12] 王德学. 2011年全国安全生产控制指标汇报会[R]. 2011.
[13] 王显政. 关于建立安全生产控制指标体系的意见[J]. 中国农机监理. 2004年第2期13-15.
[14] 黄雨生. 煤矿井下涌水量灰色灾变时间预测模型[J]. 焦作工学院学报，1999，18(1)：36-37.
[15] 杨瑞波，陈建宏，郑海力. 残差修正GM(1，1)模型在煤矿事故预测中的应用[J]. 矿业研究与开发，2011，1(3)：282-283.
[16] 徐精彩，王华. 煤自燃极限参数的神经网络预测方法[J]. 煤炭学报，2002，27(4)：366-370.
[17] 杨中，丁玉兰，赵朝义. 开滦煤矿安全事故的灰色关联分析与趋势预测

[J]. 煤炭学报，2003，28(1)：59 - 63.

[18] 吕海燕. 生产安全事故统计分析及预测理论方法研究[D]. 北京林业大学博士学位论文. 2004.

[19] 刘铁民，廖海江. 基于ARMA模型的中国工伤事故死亡率预测研究[J]. 中国安全生产科学技术，2005，1(3)：3 - 6.

[20] 吕品，周心权. 灰色马尔可夫模型在煤矿安全事故预测中应用[J]. 安徽理工大学学报，2006，26(1)：10 - 13.

[21] 孙忠林. 煤矿安全生产预测模型的研究[D]. 山东科技大学博士学位论文. 2009.

[22] 张林华，刘玉洲. 利用灰色马尔可夫模型预测煤矿安全事故[J]. 煤炭科学技术. 2006，34(11)：26 - 30.

[23] 俞树荣，张志新，马东方，斤东民. 基于BP网络的我国工伤事故死亡率预测模型[J]. 甘肃科学学报. 2006，18(4)：114 - 116.

[24] 聂小芳. 模糊粗糙集与支持向量机在煤与瓦斯突出预测中的应用研究[D]. 辽宁工程技术大学. 2009.

[25] 胡双启，李勇. 灰色Elman神经网络在火灾事故预测中的应用研究[J]. 中国安全科学学报. 2009，19(3)：106 - 109.

[26] 金珠. 改进的支持向量机分类算法及其在煤矿人因事故安全评价中的应用[D]. 中国矿业大学博士论文. 2011.

[27] 张小兵，张瑞新. 区域性煤矿百万吨死亡率指标的宏观预测研究中国安全科学学报[J]. 2009，4(19)：140 - 144.

[28] 卢增祥，李衍达. 交互SVM学习算法及其在文本信息过滤中的应用[J]. 清华大学学报. 1999.

[29] 张铃. 支持向量机理论与基于规划的神经网络学习算法[J]. 计算机学报. 2001，24(2)：113 - 115.

[30] Vapnik V. The Nature of Statistical Learning Theory[M]. Springer-Verlag，New York，1995.

[31] Vladimir NV. 统计学习理论的本质[M]. 张学工，译. 北京：清华大学出版社，2000.

[32] Duan K，Keerthi S S，Poo A N. Evaluation of simple performance measures for tuning SVM hyperparameters [J]. Neuroeomputing，2003，51(1)：41 - 59.

[33] Keerthi S S，Lin C J. Asymptotic behaviors of support vector machines with Gaussian kernel[J]. Neural Computation，2003，15(7)：1667 - 1689.

[34] Strauss Daniel J, Steidl Gabriele. Hybrid wavelet - support vector classifieation of waveforms[J]. Journal of Computational and Applied Mathematics. 2002, 148(2): 375 - 400.

[35] Amari S, Wu S. Improving support vector machine classifiers by modifying kernel functions[J]. Neural Networks, 1999, 12(6): 783 - 789.

[36] 吴涛，贺汉根，贺明科. 基于插值的核函数构造[J]. 计算机学报，2003, 26(8): 990 - 996.

[37] 常群，王晓龙，林沂蒙，等. 通过全局核降低高斯核的局部风险与基于遗传算法的两阶段模型选择[J]. 计算机研究与发展，2007, 44(3): 439 - 444.

[38] Chen G Y, Bhattacha P. Function dot product kemels for support vector machine[C]. Proeeeding of 18th Intemational Conference on Pattern Recognition, ICPR2006, HongKong, 614 - 617.

[39] Scholkopf B, Burges C J C, Smola A J. Advances in kernel methods-support vector [M]. Cambrideg: MIT Press, 1999.

[40] Cortes C, Vapnik V. Support Vector Networks[J]. Machine Leaming, 1995, Vol. 20: 273 - 239.

[41] Osuna E, Freund R. An improved training algorithm for support vector machines[C]. In: Proeeedings of the IEEE Wbrkshop on Neural Networks for Signal Proeessing, 1997.

[42] PlattJ C. Sequential Minimal Optimization: A fast algorithm for training support vector machines[R]. Technieal Report MSR - TR - 98 - 14, Aprail, 21, 1998.

[43] 肖燕彩. 支持向量机在变压器状态评估中的应用研究[D]. 北京交通大学博士学位论文. 2008.

[44] 杨琦. 支持向量机在液压系统故障诊断中的应用研究[D]. 大连海事大学，2005.

[45] 张金泽，单甘霖. 改进的 SVM 算法及其在故障诊断中的应用研究[J]. 电光与控制，2006, (06): 97 - 100.

[46] 张国云. 支持向量机算法及其应用研究[D]. 湖南大学博士论文. 2006.

[47] 程伟. 基于支持向量机在储层参数预测中的应用[D]. 成都理工大学. 2007.

[48] 徐国平. 基于支持向量机的动调陀螺仪寿命预测方法研究[D]. 上海交

通大学博士论文. 2008.

[49] 白波. 基于加权 LS－SVM 的短期负荷预测研究[D]. 东北电力大学. 2011.

[50] 孙丽萍. 基于多变量模型和组合模型的变压器油中气体分析预测[D]. 北京交通大学. 2006.

[51] 陈其松. 智能优化支持向量机预测算法及应用研究[D]. 贵州大学博士论文. 2009.

[52] 丁刚. 基于支持向量机的移动机器人环境感知和物体识别研究[D]. 中国科学技术大学. 2009.

[53] 孙宁面. 向高空间分辨率遥感影像的建筑物目标识别方法研究[D]. 浙江大学. 2010.

[54] 陶宇权. 人脸特征的提取与识别[D]. 吉林大学. 2005.

[55] Kotropoulos C. Segmentation of ultrasonic images using support vector machines[J]. Pattern Recognition Letters, 2003, 24(7): 715－727.

[56] Ganapathiraju A, Hamaker J E, Picone J. Applications of support vector machines to speech recognition[J]. IEEE Trans. on Signal Processing, 2004, 52(8): 2348－2355.

[57] Chen Datong, Bourlard H, Thiran J P. Text identification in complex background using SVM[C]. In: Proc. of the IEEE Computer Society Conference on Computer Vision and Pattern Recognition (CVPR). Hawaii: CVPR, 2001. 621－626.

[58] Deniz O, Castrillom M, Hernandez M. Face recognition using independent component analysis and support vector machines[J]. Pattern Recognition Letters, 2003, 24 (11): 2153－2157.

[59] Wang Y, Chua C, Ho Y. Facial feature detection and face recognition form 2D and 3D images[J]. Pattern Recognition Letters, 2002, 23(6): 1191－1202.

[60] Pontil M, Verri A. Support vector machines for 3D object recognition [J]. IEEE Trans on Pattern Analysis&Machine Intelligence, 1998, 20 (6): 637－646.

[61] Ganyun L V, Cheng Haozhong, Zhai Haibao and Dong Lixin. Fault diagnosis of power transformer based on multi-layer SVM classifier[J]. Electric Power Systems Research, 2005, 74(1): 1－7.

[62] Rocco C M, Moreno J A. Fast monte-carlo reliability evaluation using

support vector machine[J]. Reliability Engineering and System Safety, 2002(76): 237-243.

[63] Tony V, Johan A, Dirkemma B. Financial time series prediction using least squares support vector machines within the evidence framework [J]. I EEE Trans. on Neural Networks, 2001, 12(4): 809-821.

[64] Tian X, Deng F Q. An improved mult-class SVM algorithm and its application to the credit scoring model[C]. Proceedings of the Fifth World Congress on Intelligent Control and Automation (ICA). Hangzhou: ICA, 2004. 1940-1944.

[65] Vladimir C, Ma Yunqian. Practical selection of SVM parameters and noise estimation for SVM regression. Neural Networks, 2004, 17 (1): 113-126.

[66] 邬啸，等. 基于混合核函数的支持向量机[J]. 重庆理工大学学报(自然科学). 2011 25(10): 66-70.

[67] 陈军，等. 城市交通流量短时预测的支持向量机方法[J]. 黑龙江交通科技. 2011, 212(10): 376-377.

[68] 耿睿，等. 应用支持向量机的空中交通流量组合预测模型[J]. 清华大学学报(自然科学版)2008, 48(7): 1205-1208.

[69] 宋晓华，等. 基于蛙跳算法的改进支持向量机预测方法及应用[J]. 2011, 42(9): 2737-2740.

[70] 张玉，等. 支持向量机在税收预测中的应用研究[J]. 计算机仿真. 2011, 28(9): 357-360.

[71] 张钦礼. 基于支持向量机和模糊系统的机器学习方法及其应用研究[D]. 江南大学博士论文. 2009.

[72] 陈琳琳. 基于遗传参数优化的模糊支持向量多类分类机及应用[D]. 重庆师范大学. 2009.

[73] 颉子光. 基于支持向量机的自适应逆控制方法研究[D]. 华北电力大学. 2008.

[74] 刘永健. 基于 LS-SVM 的入侵检测模型与实时测试平台研究[D]国防科学技术大学. 2005.

[75] 胡琪琪. 基于支持向量机的带钢表面缺陷识别研究[D]. 西安理工大学. 2008.

[76] 王丽华. 基于支持向量机的紫外吸光法 COD 检测仪研制[D]. 河北大学. 2008.

[77] 刘新旺. 基于支持向量机的特征增量学习算法研究[D]. 国防科学技术大学. 2008.

[78] 杨志民. 模糊支持向量机及其应用研究[D]. 中国农业大学博士论文. 2005.

[79] 曹葵康. 支持向量机加速方法及应用研究[D]. 浙江大学博士论文. 2010.

[80] 王克奇，杨少春，戴天虹. 采用遗传算法优化最小二乘支持向量机参数的方法[J]. 计算机应用与软件. 2009，23(6)：123－128.

[81] Valiant L G. A theory of the learnable. Communications of the ACM [J]. 1984，27(11)：1134－1142.

[82] Vapanik V，Chervonenkis A J. Ordered risk minimization[M]. Automation and Remote Control. 1974.

[83] V. Vapnik，Estimation of dependences based on empirical data[M]. Springer-Verlag，Berlin，1982.

[84] 周志华. 机器学习及其应用 2007[M]. 北京：清华大学出版社，2007.

[85] Vapnik. V 著，张学工译. 统计学习理论的本质[M]. 北京：清华大学出版社，2000.

[86] V. Vapnik，E. Levin，Y. L. Cunn. Measuring the VC dimension of a leaming machine[J]. Neural Computation，1994：851－876.

[87] 郑文. 曲线拟合[D]. 重庆：西南大学，2008.

[88] 秦暄，章毓晋. 一种基于曲线拟合预测的红外目标的跟踪算法[J]. 红外技术，2003，(04)：23－25.

[89] 许小健，钱德玲，郭文爱，等. 基于 RAGA 的指数曲线模型预测基桩承载力[J]. 岩土力学，2009，(01)：139－142.

[90] 杨正瓴，翟祥志，尹振兴，等. 超过指数增长速度的年度用电量曲线拟合预测[J]. 天津大学学报，2008，41(11)1209－1302.

[91] 刘颖，张智慧. 中国人均 GDP(1952—2002)时间序列分析[J]. 统计与决策，2005，(04)：61－62.

[92] 郝香芝，李少颖. 我国 GDP 时间序列的模型建立与预测[J]. 统计与决策，2007，(23)：4－6.

[93] 谭诗璟. ARIMA 模型在湖北省 GDP 预测中的应用——时间序列分析在中国区域经济增长中的实证分析[J]. 时代金融，2008，(01)：26－27.

[94] 张波. 湖北省人均 GDP 时间序列模型及预测[J]. 中南财经政法大学研究生学报，2006，(02)：95－100.

[95] 李霖，魏凯. 我国城乡居民收入差距的时间序列分析[J]. 现代经济信息，2009，(20)：10－11.

[96] 沈振，汪舟娜. 海岛旅游经济灰色关联统计分析研究——以嵊泗县为例[J]. 浙江国际海运职业技术学院学报，2009，(02)：32－34.

[97] 崔立志. 灰色预测技术及其应用研究[D]. 南京航空航天大学博士论文. 2010.

[98] 张福德. 影响爆破效果因素的灰关联分析[D]. 武汉理工大学. 2011.

[99] 石灵灵，李宗植. 基于灰色关联的我国城乡收入差距成因分析[J]. 西安外事学院学报，2007，(01)：32－37.

[100] 施亚岚，侯志强，武克军. 甘肃省地级优秀旅游城市生态适宜度评价[J]. 中国林业经济，2011，(01)：19－22.

[101] 井锋，张戈. 灰色关联分析在大连市水资源系统恢复能力中的应用[J]. 水资源研究，2009，(03)：11－15.

[102] 张先起，刘慧卿. 基于熵权的灰色关联模型在水环境质量评价中的应用[J]. 水资源研究，2006，(03)：17－19.

[103] 张广毅. 基于灰色聚类法的城市可持续发展水平测度分析——以长三角城市群和山东半岛城市群为例[J]. 生态经济，2009，(07)：71－74.

[104] 徐波，林伟，蒋忠席，张卫芳. 基于灰色马尔可夫模型的机场道面使用性能预测[J]. 四川建筑科学研究，2010，36(01)：44－46 .

[105] 杨欢. 基于灰色马尔可夫链的城市居民人均收入预测[J]. 佳木斯大学学报(自然科学版)，2008，26(04)：575－578.

[106] 孙崎峰，周栩，孙晓峰. 基于改进 BP 神经网络的公路旅游客流量预测[J]. 山东理工大学学报(自然科学版)，2008，22(6)：75－78.

[107] 罗静，孙慰迟. 基于人工神经网络的电力负荷预测算法研究[J]. 江西化工，2008，(04)：219－223.

[108] Lu Jinsheng，Zhang Jiemin. The applications of neural network to communication systems[A]. Proceedings of 4th International Symposium on Test and Measurement(Volume 1)[C]，2001.

[109] Vapanik VN，Chervonenkis AJ. Ordered risk minimization [M]. Automation and Remote Control. 1974.

[110] Vapnik V N. Estimation of dependences based on empirical data[M]. Springer-Verlag，Berlin，1982.

[111] 邓乃扬，田英杰. 数据挖掘中的最优化方法一支持向量机[M]. 北京：科学出版社，2000.

[112] 张学工. 关于统计学习理论与支持向量机[J]. 自动化学报，2000，(01)：246－251.

[113] Nello C，John S T. 支持向量机导论[M]. 李国正，王猛，曾华军，译. 北京：电子工业出版社，2004.

[114] Christopher J C，Burges. A tutorial on support vector machines for pattern recognition[J]. Data Mining and Knowledge Discovery，1998，2(2)：1287－1298.

[115] 颜七笙，王士同. 公路旅游客流量预测的支持向量回归模型[J]. 计算机工程与应用，2011，47(9)：233－235.

[116] 向红艳，朱顺应，王红，严新平. 短期交通流预测效果的模糊综合评判[J]. 武汉理工大学学报(交通科学与工程版)，2005，29(06)：921－924.

[117] 张清平. SVM 方法及其在乳制品分类问题上的应用[J]. 安徽农业科学. 2009，37(8)：3345－3346.

[118] Bi Jinbo，Kristin Bennett. A geometric approach to support vector regression. neuro computing (special issue on support vector machines)[J]. 2003，32(3)：298－307.

[119] Wang Xin，Yang Chunhua，Qin Bin，Gui Weihua. Parameter selection of support vector regression based on hybrid optimization algorithm and its application[J]. Journal of Control Theory and Applications[J]，2005，3(4)：1023－1032.

[120] 刘靖旭. 支持向量回归的模型选择及应用研究[D]. 国防科学技术大学博士学位论文，2006 .

[121] 田英杰. 支持向量回归机及其应用研究[D]. 中国农业大学博士学位论文，2005.

[122] 国家煤矿安监局事故调查司，国家安全监管总局国际交流合作中心. 国外安全生产统计指标研究[M]. 2012.

[123] 安监总煤装〔2011〕187 号. 国家煤矿安监局关于印发煤矿安全生产“十二五”规划的通知[S]. 国家安全监管总局，2011.

[124] 国家煤矿安全监察局令第 5 号，煤矿安全生产基本条件规定[S]. 国家安全生产监督管理局，2003.

[125] 国家安全生产监督管理局，煤矿企业安全生产许可证实施办法[S]. 国家煤矿安全监察局令第 8 号，2004.

[126] 煤矿安全评价导则[S]，国家煤矿安全监察局煤安监技装字[2003]第

114 号. 国家安全生产监督管理局，2003. 11.

[127] 张小兵，张瑞新. 区域性煤矿安全系统分析理论研究[J]. 中国煤炭. 2009，10(2)：75－79.

[128] 张小兵，张瑞新. 区域性煤矿百万吨死亡率指标的宏观预测研究[J]. 中国安全科学学报. 2009,34(8)：167－171.

[129] 李玉洁，张小兵. 区域煤矿安全系统指标体系的构建[J]. 中国煤炭工业. 2009，33(5)：243－247.

[130] 邓聚龙. 灰色系统基本方法[M]. 武汉：华中理上大学出版社，1987.

[131] 党耀国. 灰色预测与决策模型研究[M]. 北京. 科学出版社，2009.

[132] 傅立. 灰色系统理论及其应用[M]. 北京：科学技术文献出版社，1992.

[133] 刘思峰，党耀国，方志耕等. 灰色系统理论及其应用[M]. 北京. 科学出版社，2004.

[134] 邓聚龙. 灰预测与灰决策[M]. 武汉：华中科技大学出版社，2002.

[135] 刘思峰，谢乃明. 灰色系统理论及其应用[M]. 北京. 科学出版社，2008.

[136] 魏勇. 灰色预测模型系列优化研究综述[A]. 第 16 届全国灰色系统学术会议论文集[C]，2008 .

[137] 刘芳芳. 基于改进的 GM 模型在矿山安全事故预测中的应用及分析[D]. 昆明理工大学，2009.

[138] 罗丹. 新弱化缓冲算子的构造及其运用[J]. 西南师范大学学报(自然科学版)，2011，(02)：28－31.

[139] 魏勇，孔新海. 几类强弱缓冲算子的构造方法及其内在联系[J]. 控制与决策，2010，(02)：196－202.

[140] 崔杰，党耀国. 一类新的弱化缓冲算子的构造及其应用[J]. 控制与决策，2008，(07)：741－744.

[141] Pang Hongfeng，Chen Dixiang，Pan Mengchun. Nonlinear temperature compensation of fluxgate magnetometers with a least－squares support vector machine[J]. Measurement Science and Technology. 2012，23(2)：342－354.

[142] Ye Qiaolin，Zhao Chunxia，Ye Ning. Least squares twin support vector machine classification via maximum one－class within class variance[J] . Optimization Methods and Software，2012，27(1)：53－69.

[143] Luts，Jan，Molenberghs，Geert. A mixed effects least squares support vec-

tor machine model for classification of longitudinal data[J]. Computational Statistics and Data Analysis. 2012, 56(3): 611 - 628.

[144] Liao, Bian R J, Yang J P , Forecasting L J. Dissolved gases content in power transformer oil based on weakening buffer operator and least square support vector machine - Markov[J]. IET Generation, Transmission & Distribution. 2012, 6(2): 142 - 151.

[145] Carl G, Peter Sollich. Model selection for support vector machine classification. Neural Computing and Applications[J], 2003, 55(1 - 2): 221 - 249.

[146] Lee M L. Using support vector machine with a hybrid featureselection method to the stock trend prediction[J] . Expert Sys-tems with Applications, 2009, 36(8): 10896 - 10904.

[147] Cawley G C. Model selection for support vector machines via adaptive step-size tabu search [C] . Proceedings of the International Conference on Artificial Neural Networks and Genetic Algorithms, April 2001. 2001, 434 - 437.

[148] Huang, C, Wang, C. A GA-based feature selection and parameters optimization for support vector machines[J] . Expert Systems with Applications, 2006, 31(2): 231 - 240 .

[149] Akay M F. Support vector machines combined with feature selection for breast cancer diagnosis[J] . Expert Systems with Applications, 2009, 36(2): 3240 - 3247.

[150] 刘向东，骆斌 ，陈兆乾. 支持向量机最优模型选择的研究[J]. 计算机研究与发展，2005，(04)：576 - 581.

[151] Steinwart I. On the optimal parameter choice for support vector machines[J]. IEEE Transactions on Pattern Analysis and Machine Intelligence, 2003, 25(10): 1274 - 1284.

[152] Ayat N E, Cheriet M, Suen C Y. Automatic model selection for the optimization of SVM kernels . Pattern recognition, 2005, 38: 1733 - 1745.

[153] Huang Chienming, Lee Y J, Dennis K J, et al. Model selection for support vector machines via uniform design [J] . Computational Statistics&Data Analysis, 2007, 52(1) : 335 - 346 .

[154] Olivier C, Vladimir V, Olivier B, Sayan M. Choosing multiple parameters

for support vector machines[J]. Machine Learning, 2002, 46(1-3).

[155] 李敏强. 遗传算法的基本理论与应用[M]. 北京：科学出版社, 2002.

[156] 张文修, 梁怡. 遗传算法的数学基础[M]. 西安：西安交通大学出版社, 2000.

[157] 吴景龙, 杨淑霞, 刘承水. 基于遗传算法优化参数的支持向量机短期负荷预测方法[J]. 中南大学学报(自然科学版), 2009, 40(01): 180-184.

[158] 李娇. 支持向量机参数优化研究[D]. 武汉：华中师范大学, 2011.

[159] 纪震, 廖惠连, 吴青华. 粒子群算法及应用[M]. 北京：科学出版社, 2009.

[160] 李丽, 牛奔. 粒子群优化算法[M]. 北京：冶金工业出版社, 2009.

[161] 刘波. 粒子群优化算法及其工程应用[M]. 北京：电子工业出版社, 2010.

[162] 石金泉, 陆愈实, 贾玉洁. 基于Matlab的灰色模型在煤矿百万吨死亡率预测中的应用[J]. 安全与环境工程, 2011, 1(18): 77-79.

[163] 曹爱虎, 蒋曙光, 丁燕峰. 基于最优组合模型的煤矿百万吨死亡率预测[J]. 煤炭技术, 2012, 1(31): 12-14.